すみっコぐらし™ 学習ドリル

小学4年の 単位と図形

しろくま

北からにげてきた、さむがりで
ひとみしりのくま。あったかい
お茶をすみっこでのんでる
ときがおちつく。

ぺんぎん？

じぶんはぺんぎん？
じしんがない。
昔はあたまにお皿が
あったような…

とんかつ

とんかつのはじっこ。
おにく1％、しぼう99％。
あぶらっぽいから
のこされちゃった…

ねこ

はずかしがりやのねこ。
気が弱く、よくすみっこを
ゆずってしまう。

とかげ

じつは、恐竜の生き残り。
つかまっちゃうので
とかげのふりをしている。

このドリルの使い方

はじめに 算数の大切な決まりをまとめた説明をよく読みましょう。

1 ドリルをした日にちを書きましょう。

2 答えはていねいに書きましょう。

3 終わったらおうちの方に答え合わせをしてもらい、点数をつけてもらいましょう。

4 1回分が終わったら「できたね シール」を1まいはりましょう。

おうちの方へ

- ●このドリルでは4年生で学習する算数のうち、単位と図形を中心に学習します。
- ●学習指導要領に対応しています。
- ●答えは73〜80ページにあります。
- ●1回分の問題を解き終えたら、答え合わせをしてあげてください。
- ●まちがえた問題は、どこをまちがえたのか確認して、しっかり復習してください。
- ●「できたね シール」は多めにつくりました。あまった分は、ご自由にお使いください。

角の大きさ

角の大きさ

角は、頂点を中心に辺が開いていくと大きくなっていきます。
角の大きさを表すときに、度という単位を使います。
角の大きさのことを角度ともいいます。
直角を90等分した1つ分の角の大きさを1度といいます。
1度は1°とも書きます。角の大きさは1°がいくつ分あるかで
表すことができます。

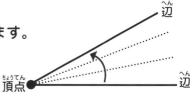

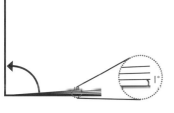

直角1つ分の大きさは
90°です。

1直角 = 90°

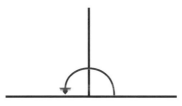

直角2つ分で半回転した
角の大きさは180°です。

2直角 = 180°

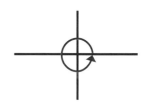

直角4つ分で一回転した
角の大きさは360°です。

4直角 = 360°

1 □ に当てはまる数字を書きましょう。

1つ10点(40点)

① 直角 = □ °

② 直角2つ分の角度 = □ °

③ 直角3つ分の角度 = □ °

④ 直角4つ分の角度 = □ °

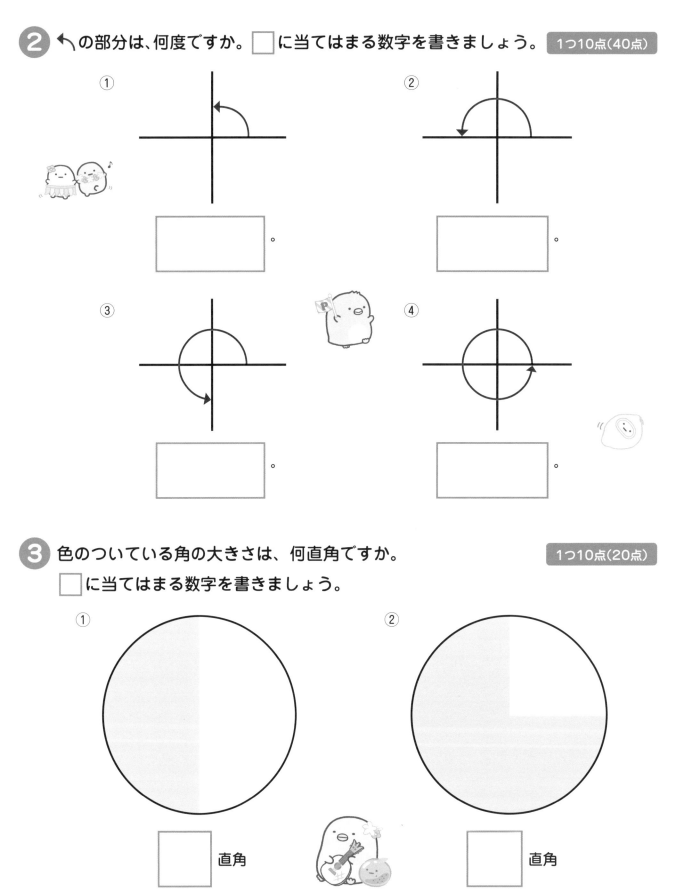

2 ↰の部分は、何度ですか。☐に当てはまる数字を書きましょう。　1つ10点（40点）

① 　　　　　　　　　　　　　②

☐　　°　　　　　　　　　　☐　　°

③ 　　　　　　　　　　　　　④

☐　　°　　　　　　　　　　☐　　°

3 色のついている角の大きさは、何直角ですか。　1つ10点（20点）

　☐に当てはまる数字を書きましょう。

① 　　　　　　　　　　　　　②

☐　直角　　　　　　　　　　☐　直角

2 角
角度のはかり方

月　日

点

できたね
シール

分度器の使い方

角度をはかるときは、分度器を使います。

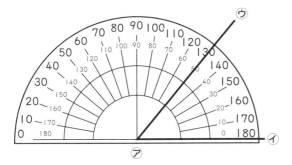

分度器の中心と頂点⑦を合わせて、分度器の0°の線を辺⑦⑦に重ねます。

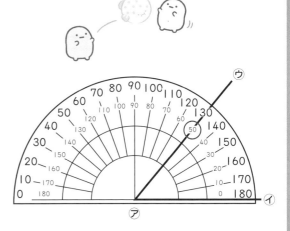

辺⑦⑦と重なっている目もりを読みます。0°の線を合わせたほうの目もりを読みましょう。

---

1 分度器を使って、角度をはかりましょう。

1つ10点(20点)

①

②

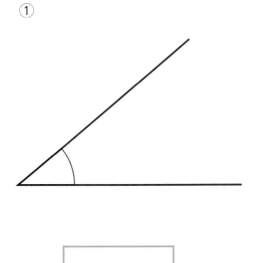

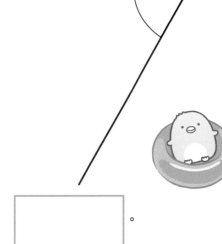

°

°

2 分度器を使って、角度をはかりましょう。

1つ10点(20点)

①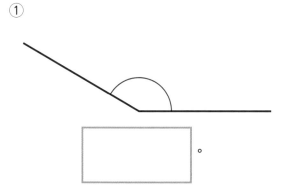

□ °

②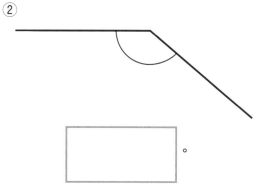

□ °

3 三角じょうぎの角度を調べましょう。

1つ5点(30点)

① 分度器を使って、⑦①⑦、⑦④⑦の角度をはかりましょう。

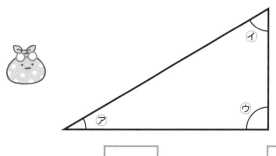

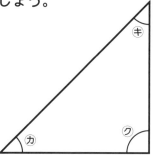

⑦ … □ °   ④ … □ °   ⑦ … □ °

⑦ … □ °   ⑦ … □ °   ⑦ … □ °

② ①ではかった角度から、赤い線の⑦の角度を計算で求めましょう。

全部あわせて30点

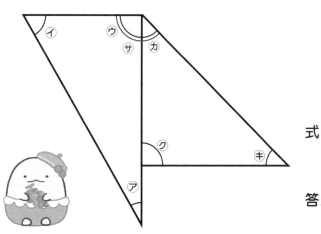

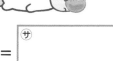

式　⑦ □ ＋ ⑦ □ ＝ ⑦ □

答え　□ °

6

角度の求め方

180°より大きな角度の求め方

180°より大きい角度は、180°に残りの角度をたしたり、360°から
小さい角度をひいたりして求めることができます。

● 180°に残りの角度をたす求め方

　⑦の角度が180°よりどれだけ大きいかを考えます。
　④の角度を分度器ではかって、180°にたします。
　⑦の角度は、180+30で求めることができます。

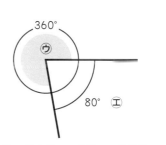

式　180 + 30 = 210

答え　210°

● 360°から小さい角度をひく求め方

　⑨の角度が360°よりどれだけ小さいかを考えます。
　⑨の角度を分度器ではかって、360°から⑨の角度
　をひきます。⑨の角度は、360−80で求めること
　ができます。

式　360 − 80 = 280

答え　280°

① 分度器を使って角度をはかり、
　□に当てはまる数字を書きましょう。

1つ5点（30点）

①

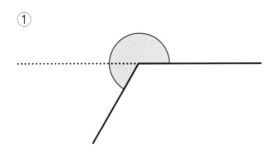

式　180 + □ = □

答え　□°

②

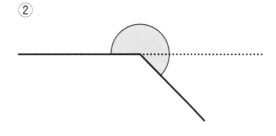

式　180 + □ = □

答え　□°

2 色のついたところの角度は何度ですか。分度器を使って角度をはかり、□ に当てはまる数字を書きましょう。

①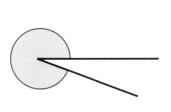

式　360 − ☐ ＝ ☐

答え ☐ 。

②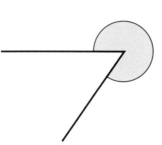

式　360 − ☐ ＝ ☐

答え ☐ 。

3 色のついたところの角度は何度ですか。分度器を使って角度をはかり、式と答えを書きましょう。

①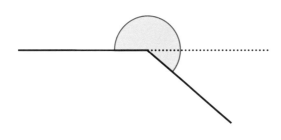

式 ☐

答え ☐ 。

②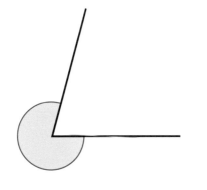

式 ☐

答え ☐ 。

向かい合う角

月　日
点
できたね
シール

向かい合う角

向かい合う角の大きさは等しいので、2本の直線が
交わってできる4つの角のうち、㋐の角度は120°です。
㋑の角度を計算で求めるときは、直線の角度の
180°から120°をひきます。
式　180－120＝60　　答え　60°
㋒の角度は、㋑と向かい合っている角なので、
㋑と同じ60°です。
直線が3本になっても、
向かい合う角の大きさは同じです。

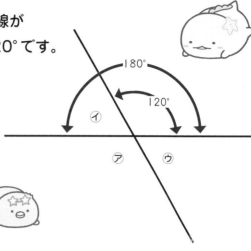

1　★と等しい角度はどれですか。□に記号を書きましょう。

1つ5点（10点）

①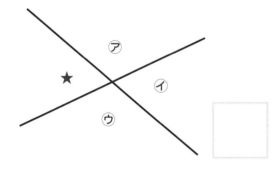

②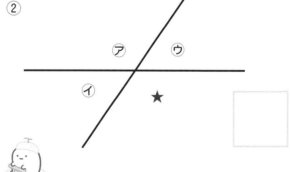

2　図を見て答えましょう。

1つ10点（20点）

① ㋐の角度は何度ですか。

。

② ㋑の角度は何度ですか。

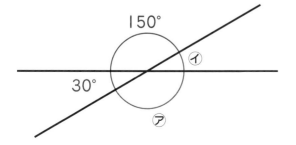

。

3 角度は何度ですか。計算で角度を求めましょう。 1つ10点（40点）

① ㋐の角度は何度ですか。式と答えを書きましょう。

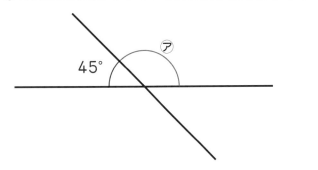

45°　㋐

式

答え　　　　　　°

② ㋕の角度は何度ですか。式と答えを書きましょう。

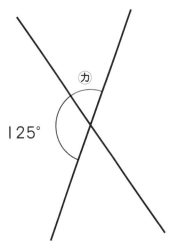

㋕

125°

式

答え　　　　　　°

4 次の角度は何度ですか。 1つ10点（30点）

① ㋐の角度は何度ですか。

　　　　　　°

② ㋑の角度は何度ですか。
　式と答えを書きましょう。

式

答え　　　　　°

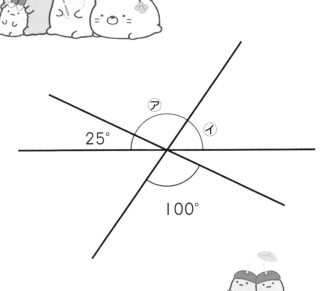

㋐
㋑
25°
100°

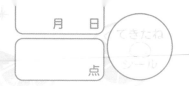

180°までの角のかき方

60°の角をかきましょう。

辺⑦①を
かきます。

分度器の中心を点⑦に
合わせて、0°の線に
辺⑦①を重ねます。

分度器の60°目もり
のところに点⑨をう
ちます。

点⑨と点⑦
を直線で結
びます。

1 じょうぎと分度器を使って、次の角をかきましょう。　1つ25点(50点)

① 80°

② 145°

230°の角をかきましょう。

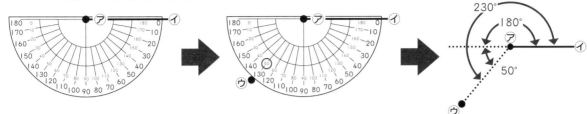

辺㋐㋑をかき、分度器を
さかさまにして、中心を
点㋐に合わせ、0°の線に
辺㋐㋑を重ねます。

230°は180°＋50°な
ので、分度器の50°の
目もりのところに点㋒
をうちます。

点㋒と点㋐を直線で
むすびます。

350°の角をかきましょう。

辺㋐㋑をかき、分度器を
さかさまにして、中心を
点㋐に合わせ、0°の線に
辺㋐㋑を重ねます。

350°が360°より10°小さ
い（360°－350°＝10°）の
で、分度器の10°の目もりの
ところに点㋒をうちます。

点㋒と点㋐を直線で
結びます。

2 じょうぎと分度器を使って、次の角をかきましょう。　　1つ25点（50点）

① 260°

② 310°

6 角

角のかき方②

月 日

点

できたね
シール

三角形のかき方

右の図のような三角形をかきましょう。

長さ5cmの辺アイ
をかきます。

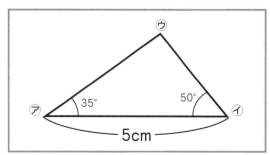

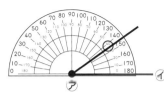

分度器の中心を点ア
に合わせ、35°の角
をかきます。

分度器の中心を点イに
合わせ、50°の角をか
きます。

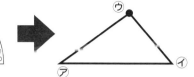

点アからの直線と、
点イからの直線が交
わるところを点ウと
します。

1 じょうぎと分度器を使って、
右の図のような三角形をかきましょう。

25点

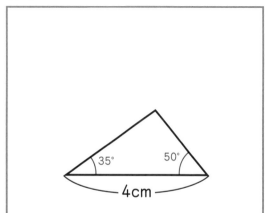

② 右の図のような三角形をかきましょう。

①

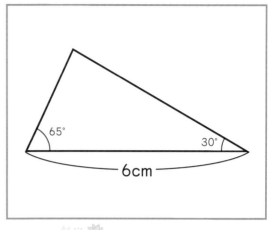

65° 30°
6cm

②

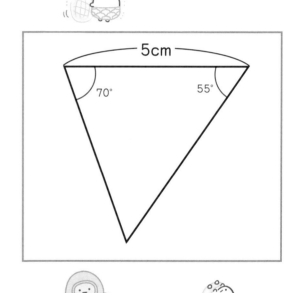

5cm
70° 55°

③

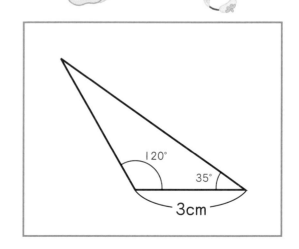

120° 35°
3cm

7 ふく習ドリル①

1 □ に当てはまる数字を書きましょう。

1つ6点(18点)

①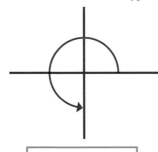

②

③

□°

□°

□°

2 分度器を使って角度をはかりましょう。

1つ6点(12点)

①

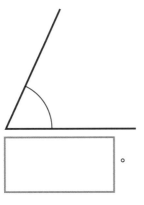

□°

②

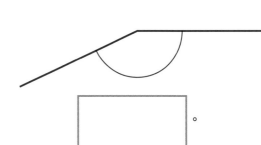

□°

3 色のついたところの角度は何度ですか。
式と答えを書きましょう。

1つ6点(12点)

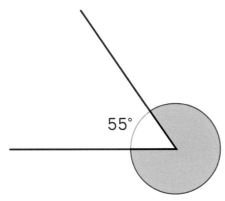

55°

式 □

答え □ °

4 3本の直線が交わってできた、次の角度は何度ですか。

① ⑦の角度は何度ですか。

② ⑦の角度は何度ですか。
式と答えを書きましょう。

式

答え 。

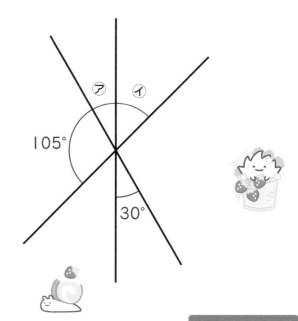

5 次の角をかきましょう。

① 85°

② 345°

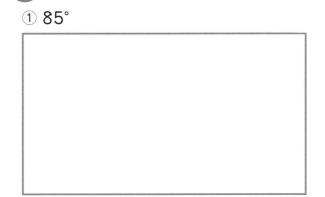

6 右の図のような三角形をかきましょう。

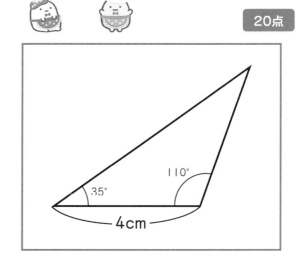

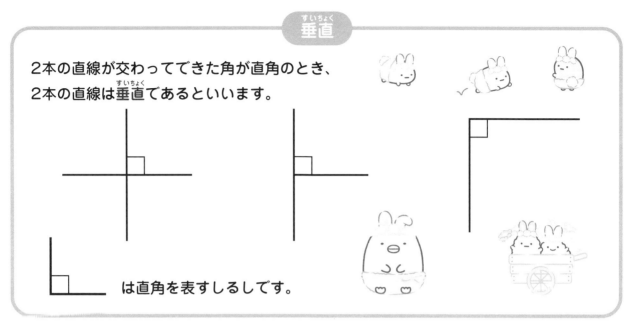

すいちょく
垂直

2本の直線が交わってできた角が直角のとき、
2本の直線は垂直であるといいます。

は直角を表すしるしです。

① 2本の直線が垂直なのはどれとどれですか。
2つ選び □ に記号を書きましょう。

1つ10点（20点）

⑦　　⑦　　⑦　　⑦　　⑦

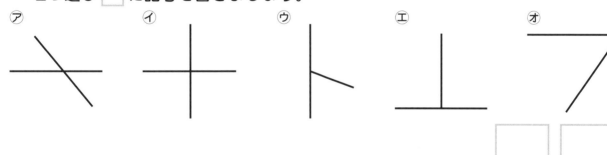

□　□

② 垂直になっている直線はどれとどれですか。
2つ選び □ に記号を書きましょう。

1つ10点（20点）

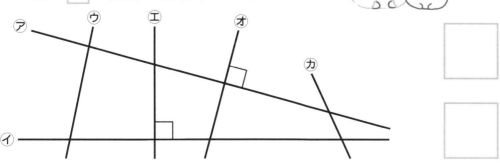

□　と　□

□　と　□

17

垂直な直線をかくときは、三角じょうぎを使うと便利です。

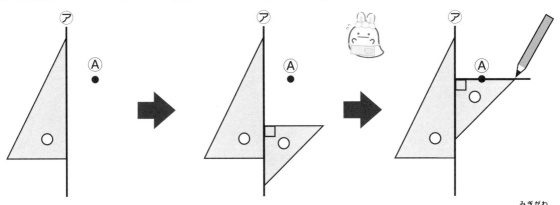

⑦の直線に三角じょうぎを合わせます。

もう一つの三角じょうぎの直角がある辺を⑦の直線に合わせます。

点Ⓐに重なるように右側の三角じょうぎを上に動かし、点Ⓐを通る直線をかきます。

3 三角じょうぎを使って、点Ⓐを通って、⑦の直線に
垂直な直線をかきましょう。

1つ15点（60点）

①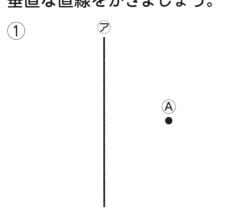

②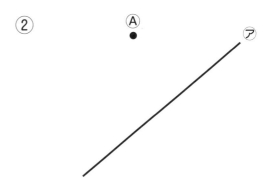

③

④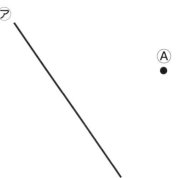

平行

平行

1本の直線とそれぞれ垂直に交わる2本の直線は、平行であるといいます。

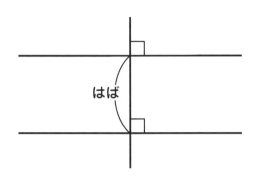

はば

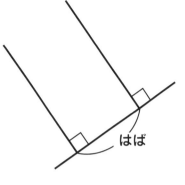

はば

2本の平行な直線の間にひいた垂直な直線の長さをはばといいます。

2本の平行な直線のはばは、どこも等しくなっています。

平行な直線は、どこまでのばしても交わることはありません。

---

1 平行になっている直線はどれとどれですか。三角じょうぎで
調べて2つ選び、□に記号を書きましょう。

1つ10点（20点）

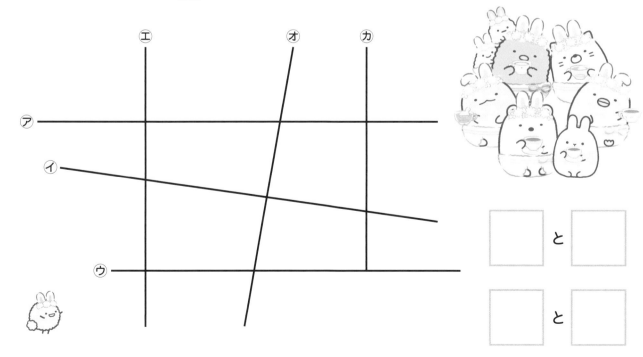

□ と □

□ と □

平行な直線をかくときは、三角じょうぎを使うと便利です。

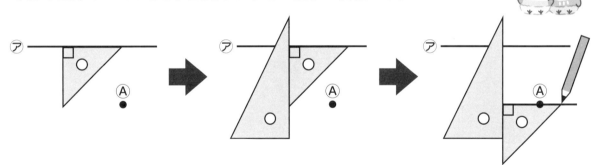

ⓐ 三角じょうぎの直角のある辺をⓐの直線に合わせます。

もう一つの三角じょうぎを右側の三角じょうぎに合わせます。

右側の三角じょうぎを点Ⓐのところまで下に動かします。三角じょうぎをおさえながら点Ⓐを通る直線をかきます。

2 三角じょうぎを使って、点Ⓐを通って、⑦の直線に平行な直線をかきましょう。

1つ20点（80点）

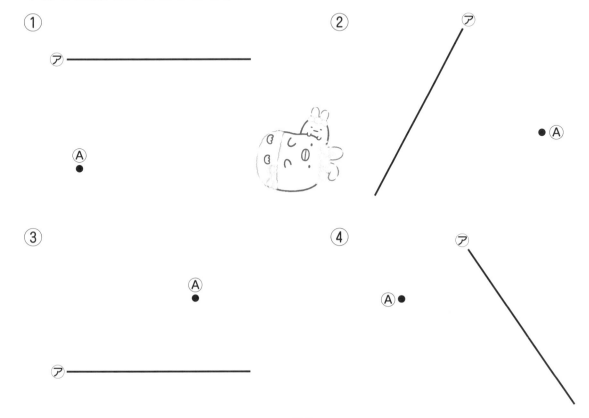

平行な直線と角度

角度

平行な直線に、他の直線が交わってできる角はたがいに等しくなります。

Ⓐ ───────────────── ⑦

Ⓑ ───────────────── ⑦

直線ⒶとⒷが平行なとき、⑦と⑦は等しい角度になります。

1 直線ⒶとⒷは平行です。角度が等しい角はどれとどれですか。　1つ10点（20点）

□ に記号を書きましょう。

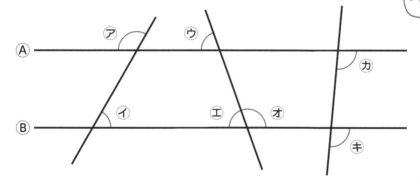

□ と □

□ と □

2 直線ⒶとⒷは平行です。次の角度は何度ですか。　1つ10点（20点）

① ⑦の角度は何度ですか。

□ 。

② ⑦の角度は何度ですか。

□ 。

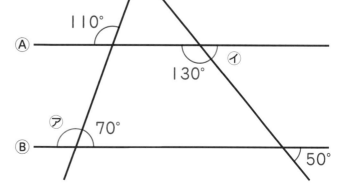

70°

Ⓐ

ア イ

Ⓑ

直線ⒶとⒷは平行なとき、アの角度は70°です。

イの角度は、直線の角度の180°からアの角度をひくと求めることができます。

式　180 － 70 ＝ 110　　答え　110°

3 直線ⒶⒷⒸは平行です。次の角度を計算で求めましょう。

1つ10点（60点）

ア　60°　　　　　　　　　　　　　　　　　　ウ

Ⓐ

イ

Ⓑ

135°

Ⓒ

160°

① アの角度は何度ですか。式と答えを書きましょう。

式　　　　　　　　　　　　　　　　　　答え　　　　　　°

② イの角度は何度ですか。式と答えを書きましょう。

式　　　　　　　　　　　　　　　　　　答え　　　　　　°

③ ウの角度は何度ですか。式と答えを書きましょう。

式　　　　　　　　　　　　　　　　　　答え　　　　　　°

月　日
てきたね
シール
点

台形

向かい合った1組の辺が平行な四角形を台形といいます。

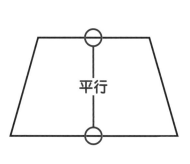
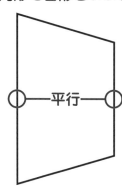
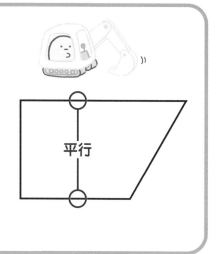

平行　　平行　　平行

1 台形はどれですか。3つ選び □ に記号を書きましょう。　　1つ20点（60点）

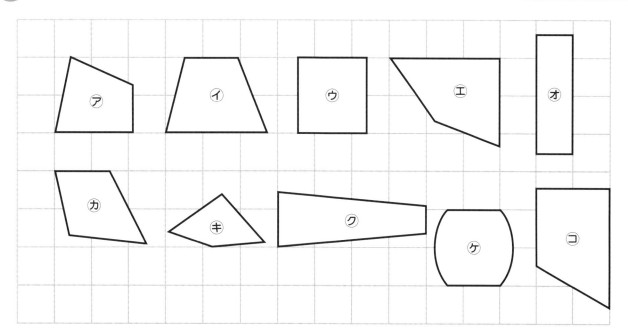

ア　イ　ウ　エ　オ

カ　キ　ク　ケ　コ

台形のかき方

右の図のような台形をかきましょう。

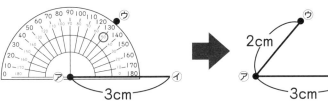

3cmの辺アイをかきます。
分度器の中心を点アに合わせ、50°のところに点ウをうちます。

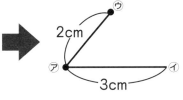

点アから点ウを通る
2cmの直線をかきます。

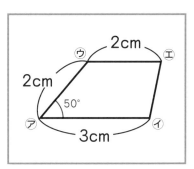

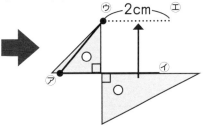
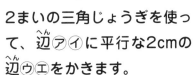

2まいの三角じょうぎを使って、辺アイに平行な2cmの辺ウエをかきます。

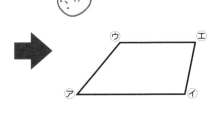

点エと点イを直線で結びます。

---

2 右の図のような台形をかきましょう。

1つ20点（40点）

①

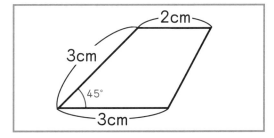

②

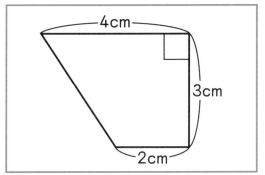

24

月　日

点

てきたね
シール

平行四辺形

向かい合った2組の辺が平行な四角形を平行四辺形といいます。

平行四辺形の向かい合う辺の長さと、向かい合う角の大きさは等しくなっています。

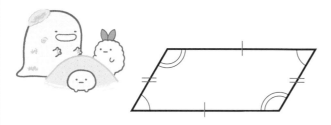

━┼━ や ━┼┼━ の印は、辺の長さが等しいことを表しています。

△ や ◮ の印は、角の大きさが等しいことを表しています。

---

1 平行四辺形はどれとどれですか。2つ選び □ に記号を書きましょう。

1つ15点（30点）

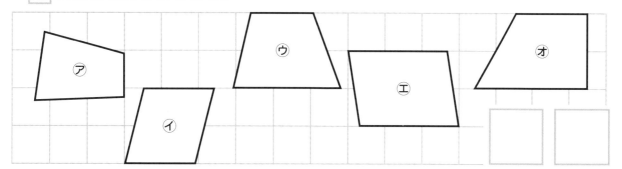

---

2 右の平行四辺形を見て答えましょう。

1つ15点（30点）

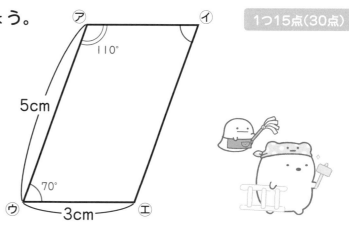

① 辺アイの長さは何cmですか。

□ cm

② イの角度は何度ですか。

□ °

右の図のような平行四辺形をかきましょう。

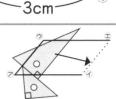

● 三角じょうぎを使ったかき方

3cmの辺アイをかきます。
分度器の中心を点アに合わせ、50°の角と2cmの辺アウをかきます。

三角じょうぎを使って、辺アイに平行な3cmの辺ウエをかきます。

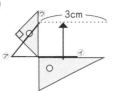

三角じょうぎの向きを変えて、辺アウと平行な2cmの辺イエをかきます。

● コンパスを使ったかき方

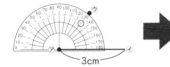

3cmの辺アイをかきます。
分度器の中心を点アに合わせ、50°の角と2cmの辺アウをかきます。

辺アウと同じ長さをコンパスで写し取り、点イを中心にして印をつけます。

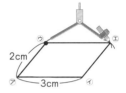

辺アイと同じ長さをコンパスで写し取り、点ウを中心にしてしるしをつけます。コンパスのしるしが重なったところが、点エになります。点ウエと点イエを直線で結びます。

---

3 下の図のような平行四辺形をかきましょう。

1つ20点（40点）

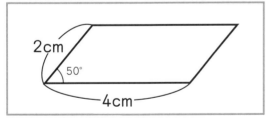

① 分度器、三角じょうぎを使ってかきましょう。

② 分度器とコンパスを使ってかきましょう。

①

②

ひし形

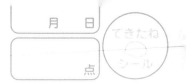

ひし形

辺の長さがすべて等しい四角形をひし形といいます。

ひし形の向かい合う辺は、平行になっています。

また、向かい合う角の大きさは、等しくなっています。

平行　平行

━┼━ や ━╫━ の印は、辺の長さが等しいことを表しています。

◹ や ◺ の印は、角の大きさが等しいことを表しています。

---

1 ひし形はどれとどれですか。2つ選び □ に記号を書きましょう。　1つ15点(30点)

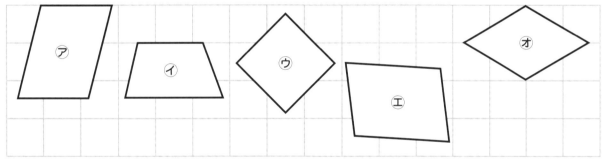

ア　イ　ウ　エ　オ

---

2 右のひし形を見て答えましょう。　1つ15点(30点)

① 辺ウエの長さは何cmですか。

　　　　　cm

② イの角度は何度ですか。

　　　　　°

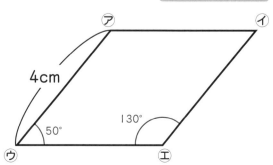

ア　イ

4cm

130°

50°

ウ　エ

下の図のようなひし形をかきましょう。

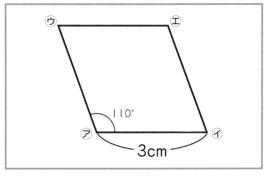

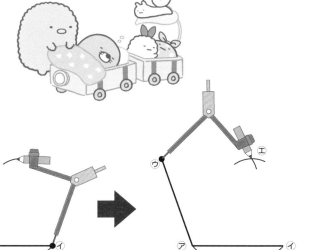

3cmの辺アイをかきます。点アに分度器の中心を合わせて、110°の角と3cmの辺アウをかきます。

辺アイと同じ長さをコンパスで写し取り、点イを中心にして印をつけます。

同じ長さのまま、点ウを中心にして印をつけます。印が重なったところが点エになります。点ウエと点イエを直線で結びます。

3 右の図のようなひし形をかきましょう。

1つ20点（40点）

①

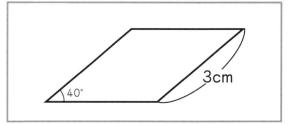

40° 3cm

②

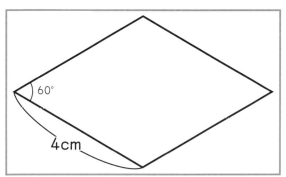

60° 4cm

四角形
対角線

対角線

四角形の向き合う頂点を結んだ直線を対角線といいます。

四角形の対角線は2本あります。

台形　　　平行四辺形　　　ひし形　　　長方形　　　正方形

---

1 次の四角形に対角線をひきましょう。　　　1つ10点（50点）

①

台形

②

へいこう し へんけい
平行四辺形

③

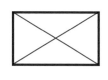

ひし形

④

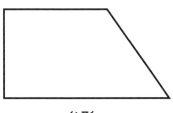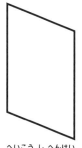

長方形

⑤

正方形

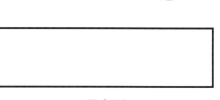

対角線の特ちょう

四角形の対角線には、さまざまな特ちょうがあります。

対角線の特ちょう ＼ 四角形の名前	台形	平行四辺形	ひし形	長方形	正方形
2本の対角線の長さが等しい				○	○
2本の対角線がそれぞれ真ん中の点で交わる		○	○	○	○
2本の対角線が垂直に交わる			○		○

※対角線の特ちょうが、どんな形や大きさのときでも当てはまるものに○がついています。

---

2 右のひし形を見て、対角線について答えましょう。　1つ10点（20点）

① ⑦⑦の長さは何cmですか。　□ cm

② ⑦①の長さは何cmですか。　□ cm

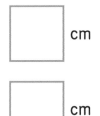

---

3 下のような対角線のとき、それぞれ何という四角形ができますか。　1つ10点（30点）

①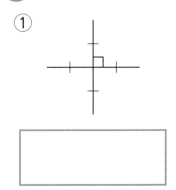

②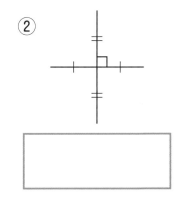

③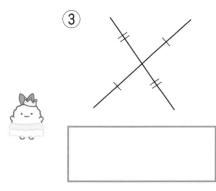

1 三角じょうぎを使って、点Ⓐを通って、⑦の直線に垂直な直線 と点Ⓑを通って、⑦の直線に平行な直線をかきましょう。 **1つ5点(10点)**

① Ⓐ

⑦

② Ⓑ

⑦

2 次の四角形に対角線をひきましょう。 **1つ10点(30点)**

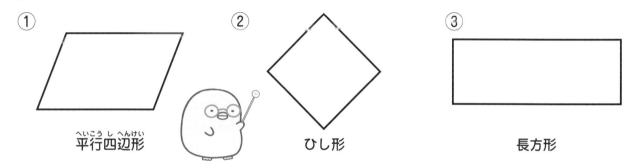

① 平行四辺形

② ひし形

③ 長方形

3 直線ⒶⒷは平行です。次の角度を計算で求めましょう。 **1つ5点(20点)**

① ⑦の角度は何度ですか。

式

答え 。

② ⑦の角度は何度ですか。

式

答え 。

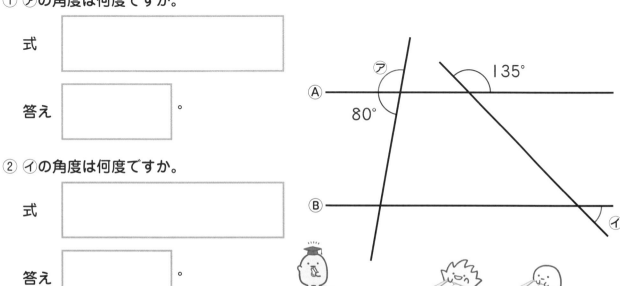

⑦ 135°

Ⓐ 80°

Ⓑ ⑦

4 右の図のような台形をかきましょう。

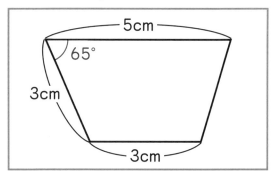

5 右の図のような平行四辺形をかきましょう。

1つは三角じょうぎ、もう1つはコンパスを使ってかきましょう。

①

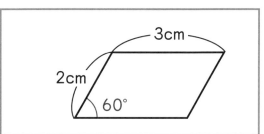

②

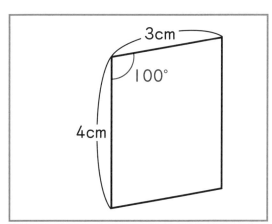

6 右の図のようなひし形をかきましょう。

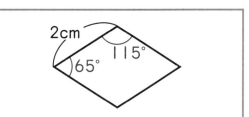

cm² （平方センチメートル）

広さのことを面積といいます。
面積は、同じ大きさの正方形が何こ分あるかで表すことができます。
1辺が1cmの正方形を1平方センチメートルといい、
1cm²と書きます。cm²は面積の単位です。

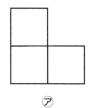 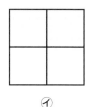 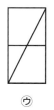 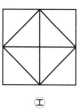

ア イ ウ エ

1辺が1cmの正方形なので、色のついている部分の面積はアは3cm²、イは4cm²、
ウは1cm²、エは2cm²になります。

---

1 ア～ウは、それぞれ1辺が1cmの正方形何こ分の広さですか。 　1つ10点（30点）

広さを調べて、□に当てはまる数字を書きましょう。

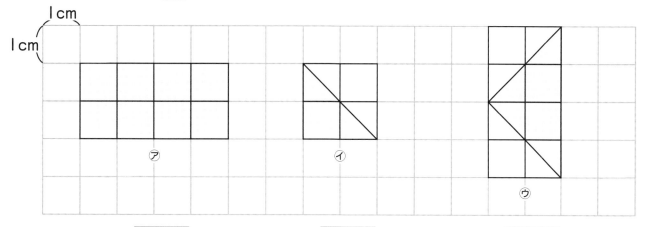

① ア… □ こ分　　② イ… □ こ分　　③ ウ… □ こ分

⑦〜㋔は、それぞれ何cm²ですか。☐ に当てはまる数字を
書きましょう。

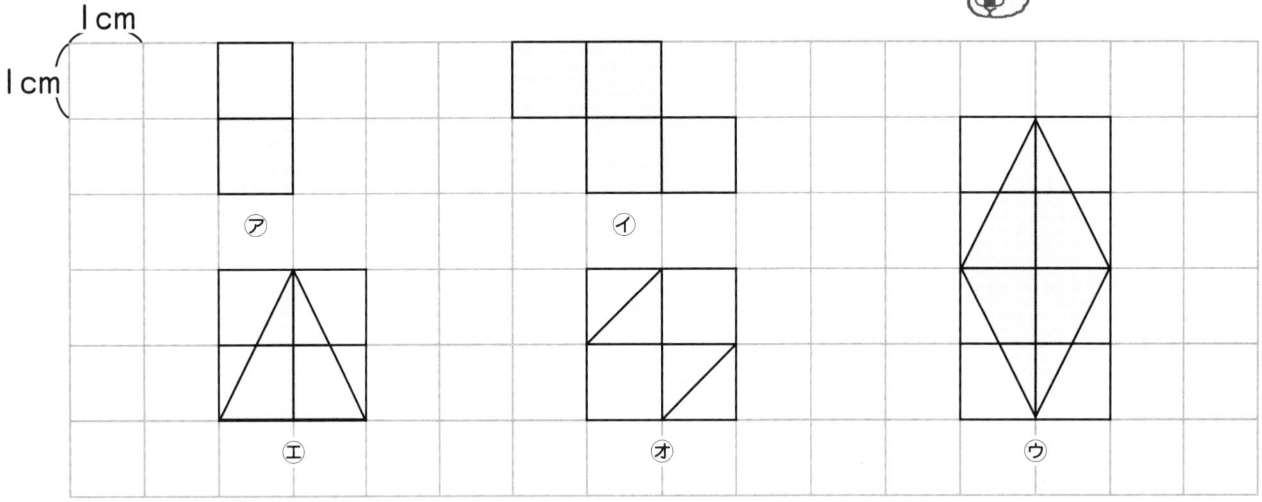

1cm

1cm

⑦　　㋑　　㋒

㋓　　㋔

① ⑦… ☐ cm²　② ㋑… ☐ cm²　③ ㋒… ☐ cm²

④ ㋓… ☐ cm²　⑤ ㋔… ☐ cm²

3 どちらのほうが何cm²広いですか。☐ に当てはまる記号と
数字を書きましょう。

① 1cm

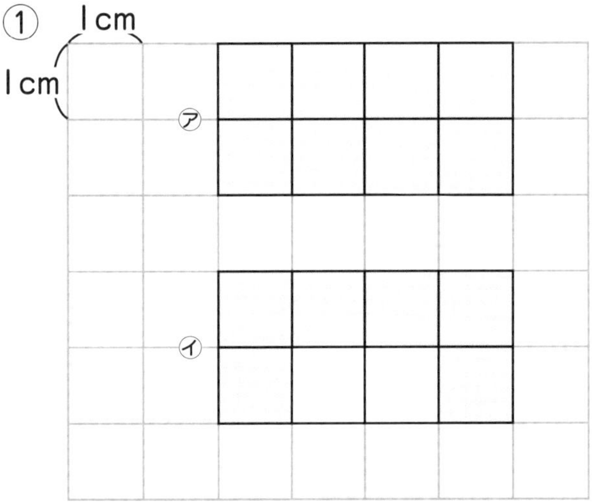

1cm

㋐

㋑

② ㋒

㋓

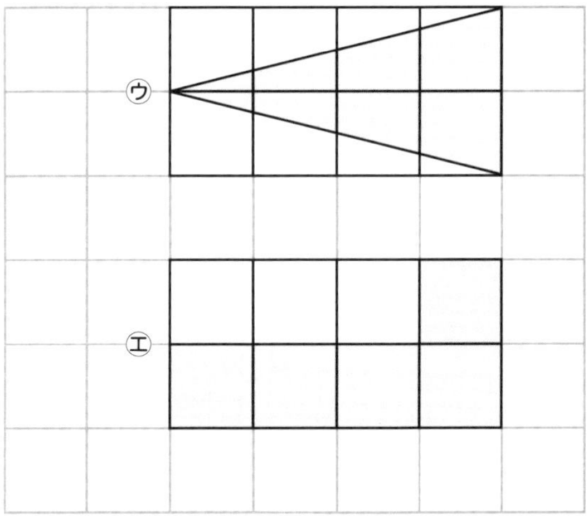

① ☐ のほうが、☐ cm²広い。　② ☐ のほうが、☐ cm²広い。

月 日

点

できたね
シール

長方形の面積

長方形の面積を計算で求めるときは、
たてと横の辺の長さをかけます。

長方形の面積＝たて×横

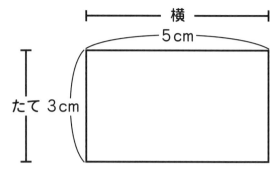

横
5 cm

たて 3 cm

たての長さ		横の長さ		面積
式　　3	×	5	=	15

答え　15 cm^2

このような、決められた式を公式といいます。

---

1 公式を使って、次の長方形の面積を求めましょう。　1つ10点(20点)

3 cm

4 cm

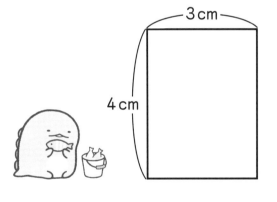

式

答え　　　　cm^2

---

2 次の長方形の辺の長さをはかって、面積を求めましょう。　1つ10点(20点)

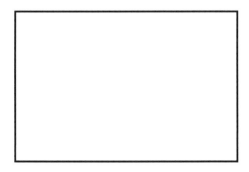

式

答え　　　　cm^2

正方形の面積

正方形の面積を計算で求めるときは、
1辺の長さと1辺の長さをかけます。

正方形の面積＝1辺×1辺

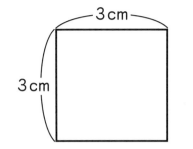

3 cm
3 cm

式　　　3　　×　　3　　＝　9
（1辺の長さ）　（1辺の長さ）　（面積）

答え　9 cm^2

---

3 公式を使って、つぎの正方形の面積を求めましょう。　1つ10点（40点）

①
2 cm
2 cm

式

答え 　　　　　 cm^2

② 1辺が9cmの正方形

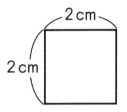

式

答え 　　　　　 cm^2

---

4 次の正方形の辺の長さをはかって、面積を求めましょう。　1つ10点（20点）

式

答え 　　　　　 cm^2

辺の長さと面積

長方形の辺の長さの求め方

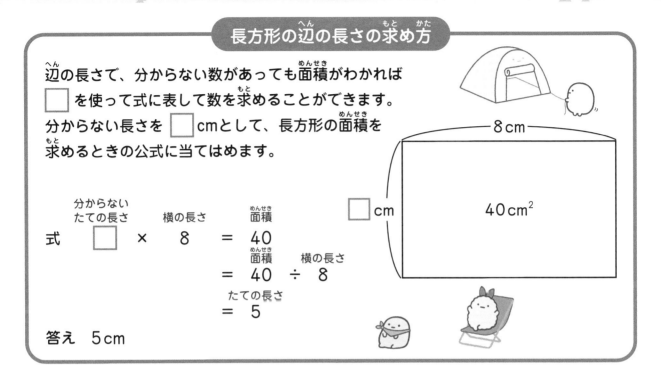

辺の長さで、分からない数があっても面積がわかれば □ を使って式に表して数を求めることができます。
分からない長さを □ cmとして、長方形の面積を求めるときの公式に当てはめます。

分からない たての長さ		横の長さ		面積
式　□	×	8	=	40

面積　横の長さ
= 40 ÷ 8

たての長さ
= 5

答え　5cm

---

1 □ に当てはまる長さを求めましょう。

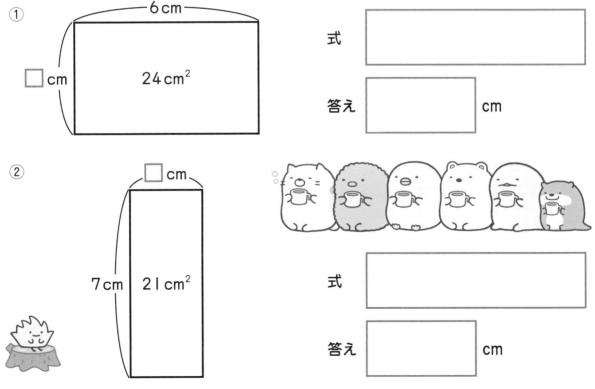

① 6cm　□cm　24cm²

式 ____

答え ____ cm

② □cm　7cm　21cm²

式 ____

答え ____ cm

② 長方形の辺の長さを求めましょう。

① 面積が72cm²で、たての長さが9cmの長方形があります。

この長方形の横の長さは何cmですか。

式 □ 　　　　答え □ cm

② 面積が56cm²で、横の長さが8cmの長方形があります。

この長方形のたての長さは何cmですか。

式 □ 　　　　答え □ cm

③ 面積が12cm²になる長方形を2つかきましょう。

1cm
1cm

いろいろな形の面積①

右の図のような面積を求めるときは、
長方形や正方形の形をもとにして考えます。

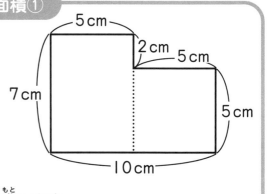

● 2つの四角形に分ける考え方
　7cm×5cm＝35cm² の長方形と、
　5cm×5cm＝25cm² の正方形に分けて面積を求めます。

式　7×5＋5×5＝35＋25
　　　　　　　＝60

答え　60cm²

---

1 次の形の面積を、2つの四角形に分ける考え方で求めましょう。

1つ5点(20点)

① 5cm 8cm 4cm 4cm

式

答え　　　　cm²

② 9cm 3cm 4cm 3cm

式

答え　　　　cm²

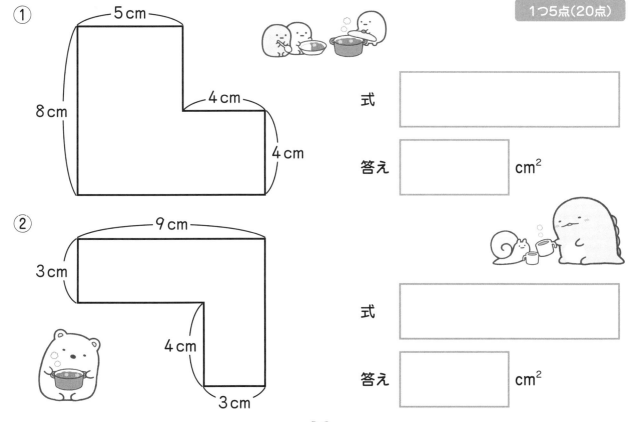

●大きい面積から小さい面積をひく考え方

　5cm×8cm＝40cm² の大きい長方形の面積から、

　へこんでいる部分の2cm×3cm＝6cm² の

　小さい長方形の面積をひいて求めます。

式　5×8－2×3＝40－6
　　　　　　　　＝34

答え　34cm²

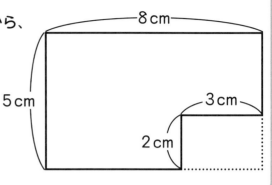

---

2 次の形の面積を、大きい面積から小さい面積をひく
考え方で求めましょう。

①

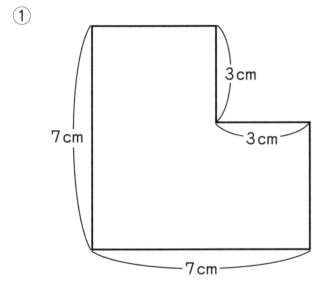

式　

答え　　　　　　cm²

②

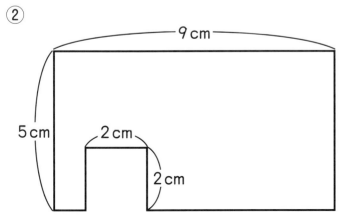

式　

答え　　　　　　cm²

m² （平方メートル）

cm²より大きな面積を表すときは、
m²という単位を使います。

1辺が1mの正方形の面積を
1平方メートルといい、1m²と書きます。
1m²は10000cm²です。

$$1m^2 = 10000cm^2$$

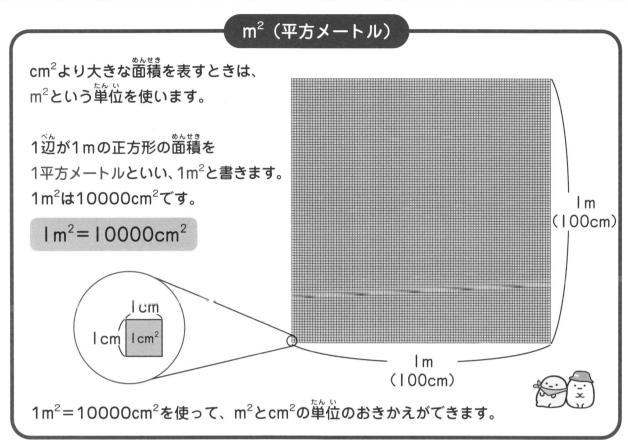

1cm
1cm 1cm²

1m
（100cm）

1m
（100cm）

1m²＝10000cm²を使って、m²とcm²の単位のおきかえができます。

---

1 次の形の面積を求めましょう。

1つ10点（40点）

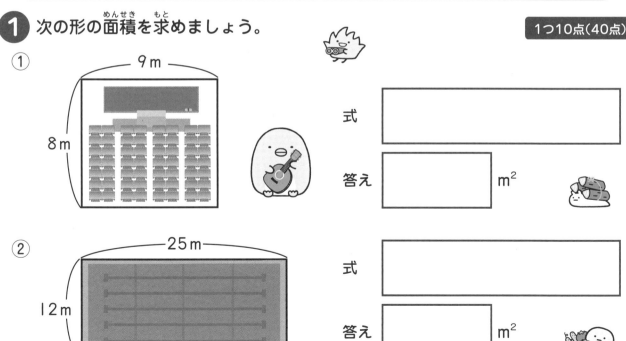

① 9m

8m

式

答え ☐ m²

② 25m

12m

式

答え ☐ m²

2 □ に当てはまる数字を書きましょう。   1つ5点（30点）

① $3 m^2 =$ ⬜ cm^2

② $6 m^2 =$ ⬜ cm^2

③ $10 m^2 =$ ⬜ cm^2

④ $15 m^2 =$ ⬜ cm^2

⑤ $20000 cm^2 =$ ⬜ m^2

⑥ $280000 cm^2 =$ ⬜ m^2

3 次の形の面積を求めましょう。  1つ5点（30点）

①

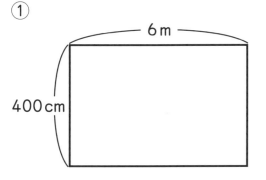
6m / 400cm

式 ⬜

答え ⬜ m^2

②

1100cm / 3m

式 ⬜

答え ⬜ m^2

③

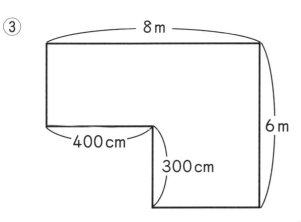
8m / 6m / 400cm / 300cm

式 ⬜

答え ⬜ m^2

大きな面積の単位②

月 日

点

できたね
シール

a（アール）

m^2より大きな面積を表すときは、aという単位を使います。

1辺が10mの正方形の面積を1アールといい、1aと書きます。1aは$100m^2$です。

$$1a = 100m^2$$

書き方 1a①②

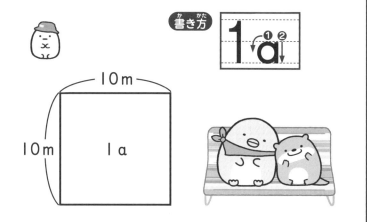

10m
10m
1a

$1a=100m^2$を使って、aとm^2の単位のおきかえができます。

1 次の形の面積は何aですか。また、何m^2ですか。

式と答えぜんぶ正解で25点（50点）

①

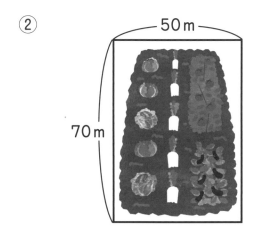

50m
30m

式

答え　　　　　a

　　　　　m^2

②

50m
70m

式

答え　　　　　a

　　　　　m^2

aより大きな面積を表すときは、
haという単位を使います。

 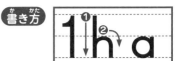

1辺が100mの正方形の面積を
1ヘクタールといい、1haと書きます。
1haは10000 m²です。

$$1 \, ha = 10000 \, m^2$$

「h」には、100倍という意味があります。

1ha = 10000 m²を使って、haと m²の単位のおきかえができます。

100m | 1 ha

100m

---

2 次の形の面積は何haですか。また、何m²ですか。 式と答えぜんぶ正解で25点（50点）

①

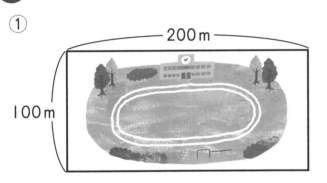
200m
100m

式

答え ___ ha

___ m²

②

400m
400m

式

答え ___ ha

___ m²

大きな面積の単位③

km² (平方キロメートル)

haより大きな面積を表すときは、
km²という単位を使います。

1辺が1kmの正方形の面積を
1平方キロメートルといい、1km²と書きます。
1km²は1000000m²です。

$$1km² = 1000000m²$$

1 km
(1000 m)

1 km²

1 km
(1000 m)

1 km = 1000 m
1000 × 1000 = 1000000

1km² = 1000000m²を使って、km²とm²の単位のおきかえができます。

---

1 次の形の面積は何km²ですか。また、何m²ですか。 | 式と答えぜんぶ正解で20点(40点)

①
50km

4km

式 [　　　　　]

答え [　　　] km²

[　　　] m²

②
8km

8km

式 [　　　　　]

答え [　　　] km²

[　　　] m²

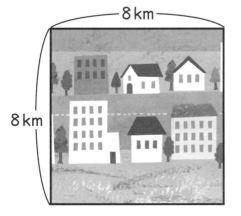

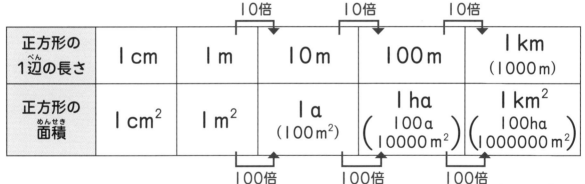

a・ha・km² のおきかえ

面積の単位は、ほかの単位におきかえることができます。

正方形の 1辺の長さ	1 cm	1 m	10 m	100 m	1 km (1000 m)
正方形の 面積	1 cm²	1 m²	1 a (100 m²)	1 ha (100 a 10000 m²)	1 km² (100 ha 1000000 m²)

10倍　10倍　10倍

100倍　100倍　100倍

面積の単位は、長さの単位をもとにつくられていて、

正方形の1辺の長さが10倍になるとき、面積は100倍になります。

---

2 □ に当てはまる単位を書きましょう。　1つ10点(30点)

①
公園の面積
300a

⬇

3 □

②
香川県の面積
187700ha

⬇

1877 □

③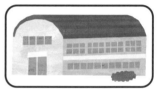
体育館の面積
1600m²

⬇

16 □

---

3 □ に当てはまる数字を書きましょう。　1つ5点(30点)

① 2 ha = □ a

② 800 a = □ ha

③ 2000 a = □ ha

④ 4 km² = □ ha

⑤ 700 ha = □ km²

⑥ 8800 ha = □ km²

月　日

点

できたね
シール

1 次の形の面積を求めましょう。　　　　　　　1つ4点（16点）

① たて8cm、横6cmの長方形。

式 ｜　　　　　　　　　　　　｜　　答え ｜　　　　　　　｜cm²

② 1辺が12cmの正方形。

式 ｜　　　　　　　　　　　　｜　　答え ｜　　　　　　　｜cm²

2 長方形の辺の長さを求めましょう。　　　　　1つ4点（8点）

面積が45cm²で、横の長さが5cmの長方形があります。この

長方形のたての長さは何cmですか。

式 ｜　　　　　　　　　　　　｜　　答え ｜　　　　　　　｜cm

3 次の形の面積を求めましょう。　　　　　　　1つ4点（16点）

①

2 cm
3 cm
7 cm
5 cm
2 cm
9 cm

式 ｜　　　　　　　　　　　　｜

答え ｜　　　　　　　｜cm²

②

5 cm
5 cm
4 cm
1 cm

式 ｜　　　　　　　　　　　　｜

答え ｜　　　　　　　｜cm²

4 次の形の面積を求めましょう。

①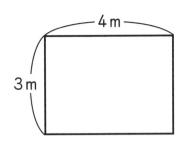

式 ☐

答え ☐ m²

②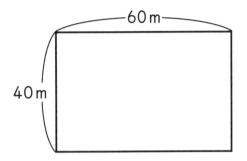

式 ☐

答え ☐ a

③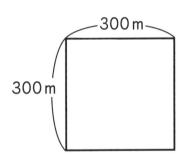

式 ☐

答え ☐ ha

④

式 ☐

答え ☐ km²

5 ☐ に当てはまる数字を書きましょう。

① 3 ha = ☐ a

② 500 a = ☐ ha

③ 7 km² = ☐ ha

④ 1100 ha = ☐ km²

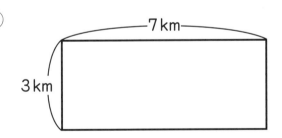

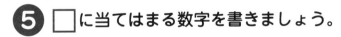

直方体と立方体

長方形の面だけでかこまれた箱の形や、長方形と正方形の面でかこまれた箱の形を
直方体といい、正方形の面だけでかこまれた箱の形を立方体といいます。

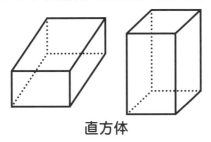

直方体

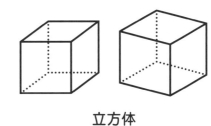

立方体

直方体や立方体、球などの形を立体といいます。

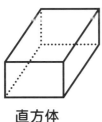

直方体

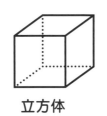

立方体

球

1 直方体はどれとどれですか。2つ選び □ に記号を書きましょう。 1つ15点(30点)

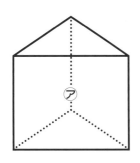

ア

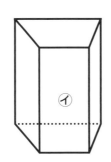

イ

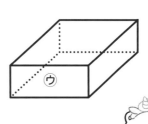

ウ

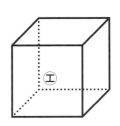

エ

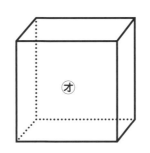

オ

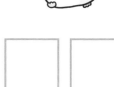

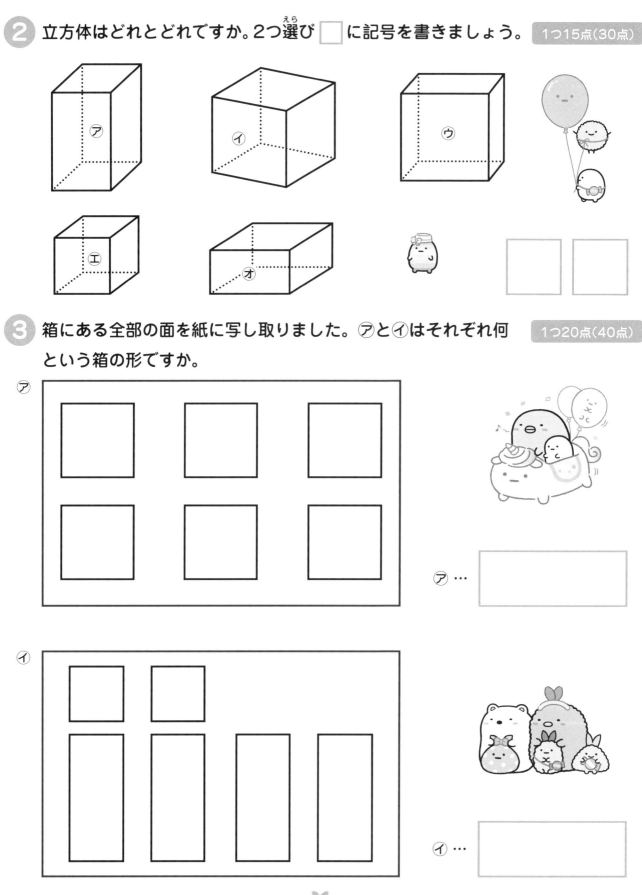

2 立方体はどれとどれですか。2つ選び ☐ に記号を書きましょう。 1つ15点（30点）

㋐ ㋑ ㋒

㋓ ㋔

☐ ☐

3 箱にある全部の面を紙に写し取りました。㋐と㋑はそれぞれ何 1つ20点（40点）
という箱の形ですか。

㋐

㋐ … ☐

㋑

㋑ … ☐

月　日

点

できたね
シール

直方体や立方体の面のように、平らな面のことを平面といいます。

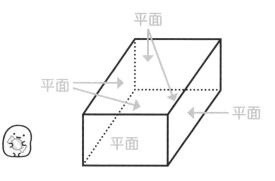
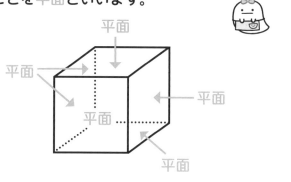

1 平面だけでかこまれた形は、どれとどれですか。
2つ選び □ に記号を書きましょう。

1つ10点（20点）

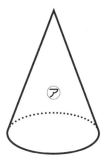
ア

イ

ウ

エ

オ

カ

キ

直方体や立方体には、面が6、辺が12、頂点が8あります。

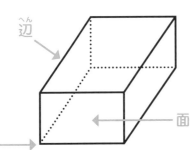
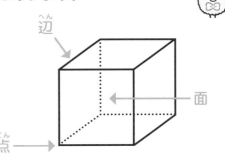

2 直方体や立方体の面、辺、頂点の数を調べて下の表に 当てはまる数字を書きましょう。

1つ10点(60点)

	面の数	辺の数	頂点の数
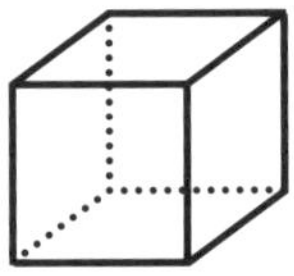 立方体			
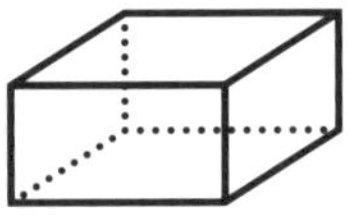 直方体			

3 右の図を見て答えましょう。

1つ10点(20点)

① 直方体の1つの頂点に集まっている辺は いくつありますか。

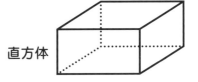

② 立方体の1つの頂点に集まっている面は いくつありますか。

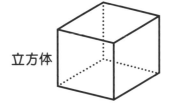

26 辺の長さと面の形

辺の長さ

直方体の大きさは、たて、横、高さの3つの辺の長さで決まります。

立方体の大きさは、1辺の長さで決まります。

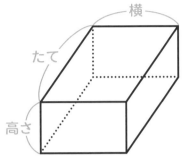

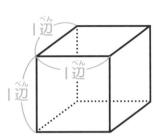

1 右の直方体を見て答えましょう。

1つ5点(20点)

① たての長さは何cmですか。 ☐ cm

② 横の長さは何cmですか。 ☐ cm

③ 高さは何cmですか。 ☐ cm

④ 5cmの辺はいくつありますか。 ☐

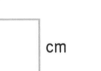

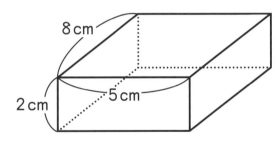

2 右の立方体を見て答えましょう。

1つ5点(10点)

① 1辺の長さは何cmですか。 ☐ cm

② 4cmの辺はいくつありますか。 ☐

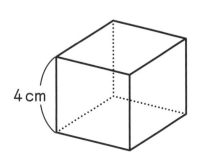

面の形

直方体の向かい合っている面は、形も大きさも同じです。

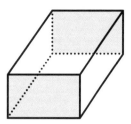 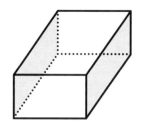 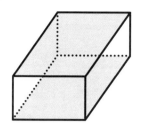

立方体の面は、
形も大きさも全て同じです。

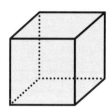 

3 右の直方体を見て答えましょう。

1つ10点(30点)

① 3cmと5cmの長方形の面はいくつ
ありますか。

② 6cmと5cmの長方形の面はいくつ
ありますか。

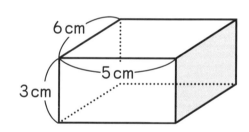

③ 色のついた長方形のたてと横の長さは何cmですか。

たて … [　　] cm　　横 … [　　] cm

4 右の立方体を見て答えましょう。

1つ20点(40点)

① 1辺が4cmの正方形の面はいくつありますか。

[　　]

② 色のついた正方形のたてと横の長さは何cmですか。

たて … [　　] cm　　横 … [　　] cm

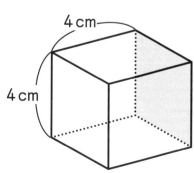

月　日

点　シール

できたね

展開図

直方体や立方体などの辺にそって切り開いて、1まいの紙になるようにかいた図を展開図といいます。辺の切り開き方によって、いろいろな展開図ができます。

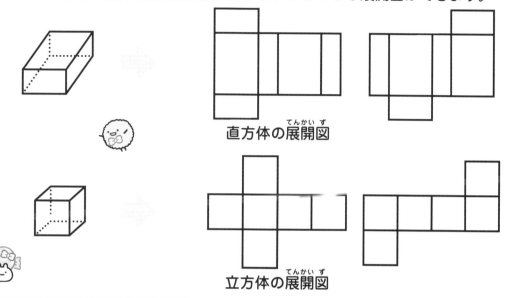

直方体の展開図

立方体の展開図

---

1 正しい展開図を選び □ に記号を書きましょう。

1つ20点（40点）

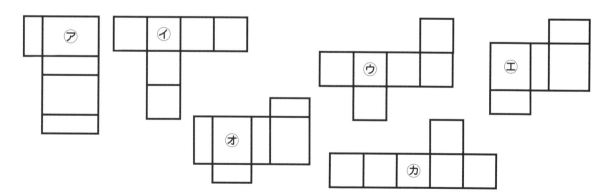

ア　イ　ウ　エ　オ　カ

① 直方体の正しい展開図はどれですか。

② 立方体の正しい展開図はどれですか。

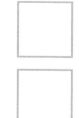

右の展開図を組み立てると、どの形ができますか。 1つ30点(60点)

正しい形を選び、□ に記号を書きましょう。

①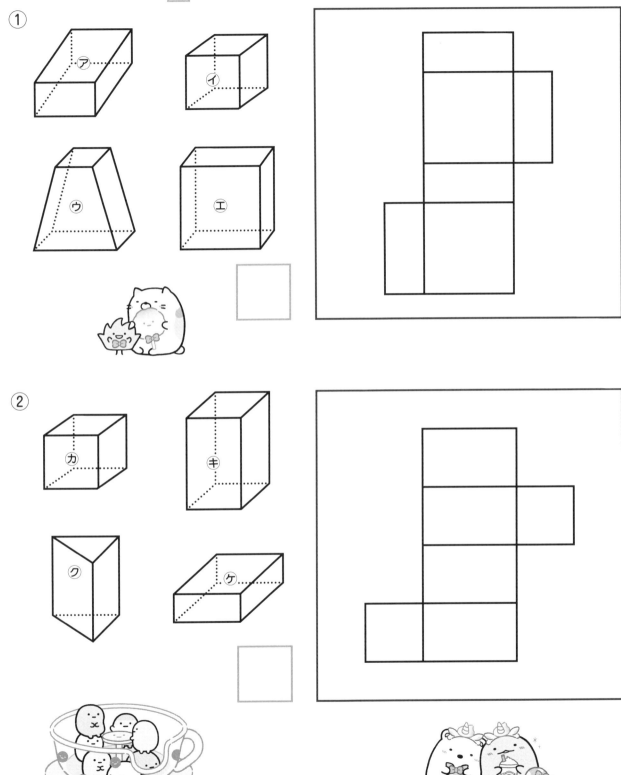

②

展開図②

月 日

点

できたね シール

展開図のかき方

直方体の展開図は、たて、横、高さの3つの辺の長さが分かればかくことができます。

● たて3cm、横4cm、高さ2cmの直方体の展開図

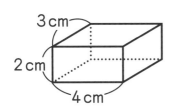

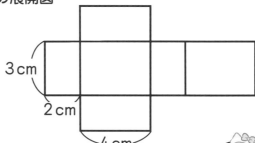

立方体の展開図は、1辺の長さが分かればかくことができます。

● 1辺3cmの立方体の展開図

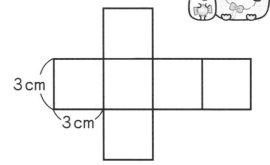

---

1 右の直方体と展開図を見て答えましょう。

1つ20点(60点)

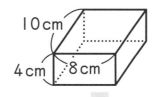

① 辺アイの長さは何cmですか。

□ cm

② 辺サスの長さは何cmですか。

□ cm

③ 辺ケシの長さは何cmですか。

□ cm

② 次の直方体の展開図をかきましょう。

①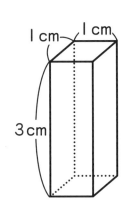

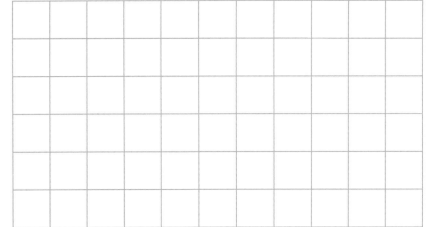

② たて2cm、横3cm、
高さ1cmの直方体。

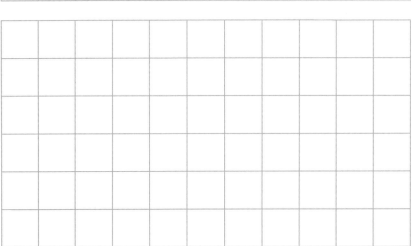

③ 次の立方体の展開図をかきましょう。

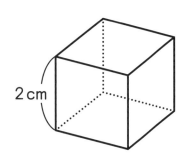

立体の図形
面や辺の垂直と平行

面と面の垂直と平行

立方体や直方体では、となり合った面が垂直、向かい合った面が平行になっています。

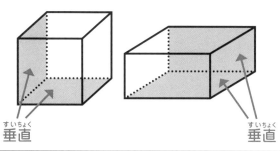

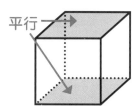

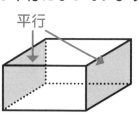

平行

平行

垂直

垂直

---

1 右の直方体を見て答えましょう。

1つ5点（25点）

① ㋐に垂直な面はどれですか。全て書きましょう。

② ㋔の面に垂直な面は全部でいくつありますか。

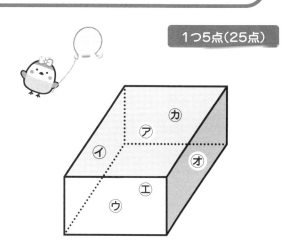

---

2 右の立方体を見て答えましょう。

1つ15点（30点）

① ㋑の面に平行な面はどれですか。

② 立方体には、平行な2つの面が何組ありますか。

 組

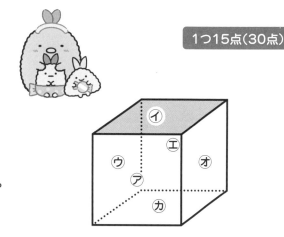

辺と辺、面と辺でも、垂直や平行の関係を考えることができます。

● 辺と辺の交わり方とならび方

右のような直方体のとき、辺㋐㋑に
垂直な辺は、辺㋐㋓、辺㋐㋔、辺㋑㋒
辺㋑㋕です。辺㋐㋑に平行な辺は、
辺㋓㋒、辺㋔㋕、辺㋗㋖です。

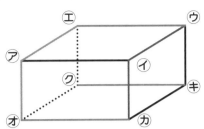

● 面と辺の交わり方とならび方

右のような直方体のとき、面Ⓐに
垂直な辺は、辺㋔㋐、辺㋕㋑、辺㋖㋒
辺㋗㋓です。面Ⓐに平行な辺は、
辺㋐㋑、辺㋐㋓、辺㋑㋒、辺㋓㋒です。

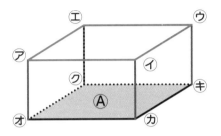

3 右の直方体を見て答えましょう。

1つ5点（45点）

① 辺㋐㋑に垂直な辺はどれですか。

4つ全て書きましょう。

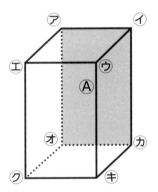

② 辺㋐㋑に平行な辺は何本ありますか。

本

③ 面Ⓐに垂直な辺はどれですか。4つ全て書きましょう。

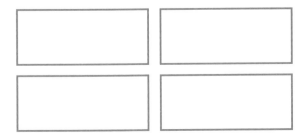

30 立体の図形 見取図

月　日
点

できたね
シール

見取図のかき方

直方体や立方体などの全体の形が分かるように
かいた図を見取図といいます。

直方体の見取図　　立方体の見取図

● 面からかくかき方

正面に見えている面を
かきます。

見えているおくの辺を
かきます。

見えていない内側の辺を
点線でかきます。

● 辺と頂点からかくかき方

手前にある1つの頂点か
ら3つの辺をかきます。

見えているおくの辺を
かきます。

見えていない内側の辺を
点線でかきます。

1 直方体の見取図を完成させましょう。

25点

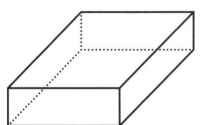

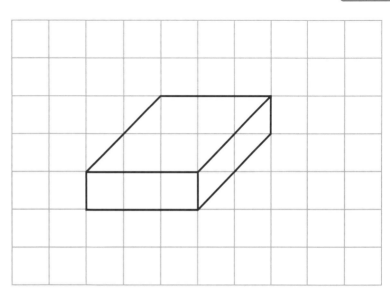

② 次の形の見取図を完成させましょう。

①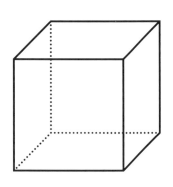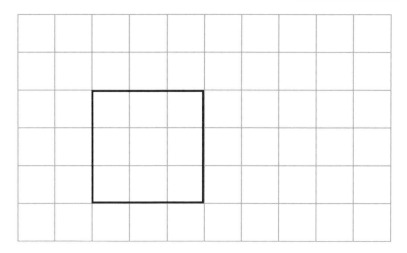

②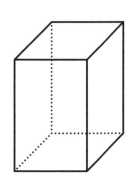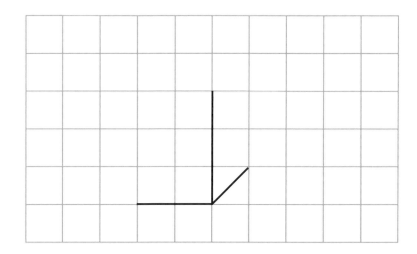

③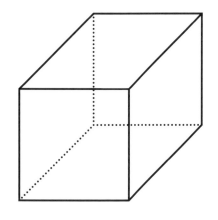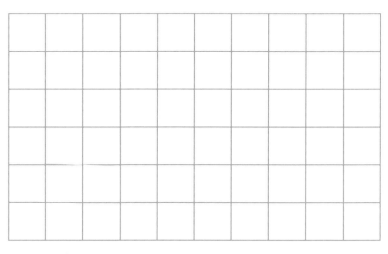

折れ線グラフ

折れ線グラフ

数量を表す点を線で結び、その変化を表したグラフを折れ線グラフといいます。
気温など変わっていくものの様子を表すときに使います。

〈1年間の気温の変わり方（東京都）〉

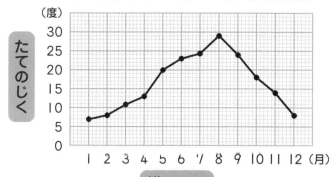

たてのじく

横のじく

この折れ線グラフでは、東京都の1年間の気温の変わり方を表しています。たてのじくは気温、横のじくは月を表しています。

折れ線グラフは、横のじくが時間の流れを表しています。
時間とともに、どのように変化したかが分かりやすくなります。

1 右の折れ線グラフを見て答えましょう。

1つ8点（16点）

① 2月の気温は何度ですか。

 度

② 気温が14度なのは何月ですか。

 月

〈1年間の気温の変わり方（京都府）〉

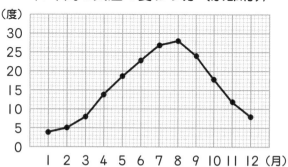

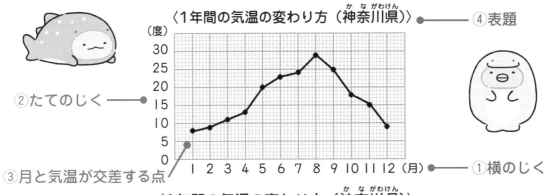

折れ線グラフのかき方

〈1年間の気温の変わり方（神奈川県）〉 — ④表題

②たてのじく

③月と気温が交差する点

①横のじく

〈1年間の気温の変わり方（神奈川県）〉

月	1	2	3	4	5	6	7	8	9	10	11	12
気温（度）	8	9	11	13	20	23	24	29	25	18	15	9

①横のじくに月を表す数字を書き、（　）の中に単位を書きます。

②たてのじくに気温を表す数字を書き、（　）の中に単位を書きます。

③それぞれ月と気温が表すところに点をうち、左から順番に直線で結びます。

④〈　〉の中に表題を書きます。

2 下の表を見て、折れ線グラフをかきましょう。　1つ4点（84点）

〈1年間の気温の変わり方（香川県）〉

月	1	2	3	4	5	6	7	8	9	10	11	12
気温（度）	8	7	11	14	21	25	26	31	26	19	14	8

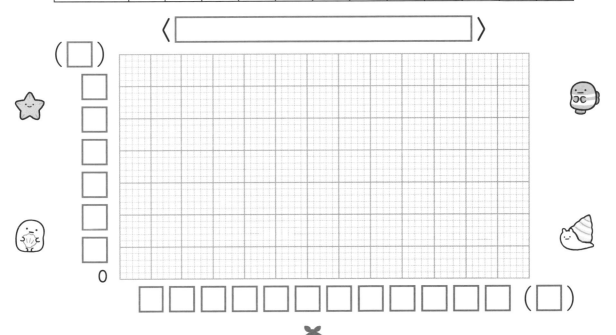

月 日

点

1 右の直方体を見て答えましょう。

1つ5点（20点）

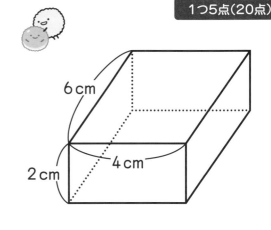

① たての長さは何cmですか。

☐ cm

② 横の長さは何cmですか。

☐ cm

③ 高さは何cmですか。

☐ cm

④ 6cmの辺はいくつありますか。

☐

2 次の直方体の展開図をかきましょう。

10点

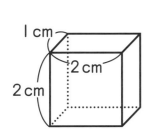

3 右の立方体を見て答えましょう。

10点

㋔の面に平行な面はどれですか。

☐

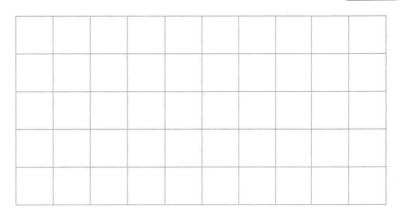

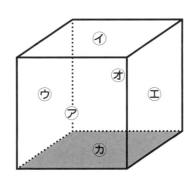

4 右の直方体を見て答えましょう。

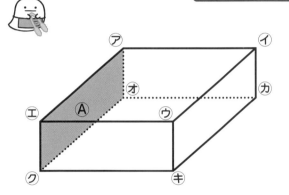

① 辺⑦①に垂直な辺はどれですか。
4つすべて書きましょう。

② 辺①⑦に平行な辺は何本ありますか。

 本

③ 面Ⓐと垂直の辺はどれですか。4つ全て書きましょう。

④ 辺⑦④に平行な辺はどれですか。3つ全て書きましょう。

5 次の形の見取図を完成させましょう。 12点

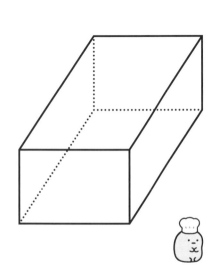

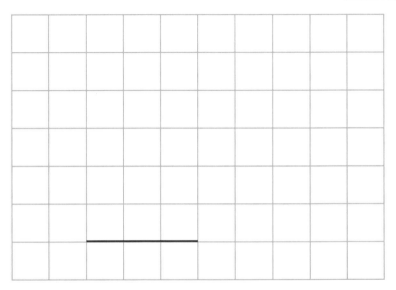

1 次の角度は何度ですか。

1つ5点（15点）

① ⑦の角度は何度ですか。

。

② ⑦の角度は何度ですか。式と答えを書きましょう。

式

答え
　　　　。

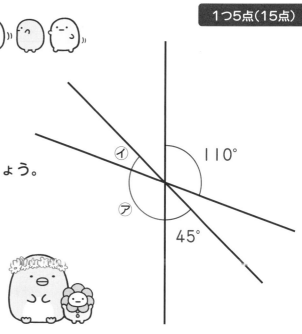

110°

⑦

⑦

45°

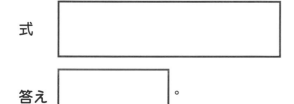

2 右の図のような三角形をかきましょう。

20点

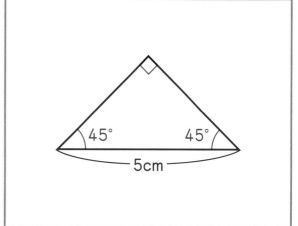

45°　　　45°

5cm

3 三角じょうぎを使って、㋐の直線に点Aを通る垂直(すいちょく)な直線と㋑の直線に点Bを通る平行な直線をかきましょう。　1つ10点(20点)

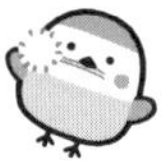

①

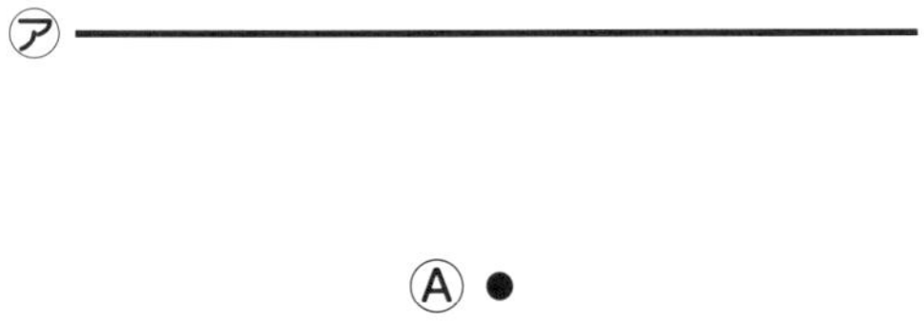

㋐
Ⓐ

②

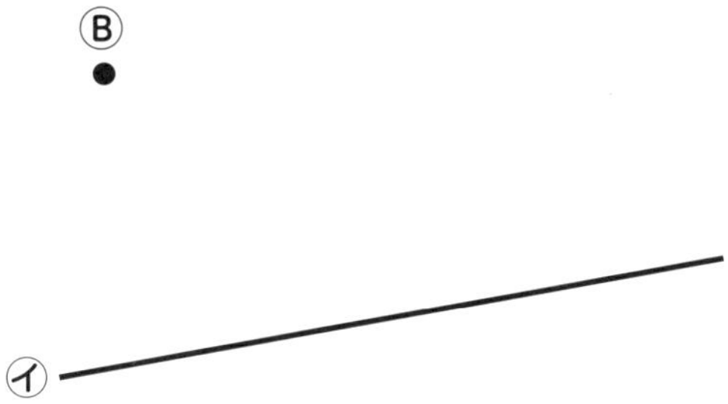

Ⓑ
㋑

4 直線ⒶⒷは平行です。次の角度を計算で求(もと)めましょう。　1つ5点(20点)

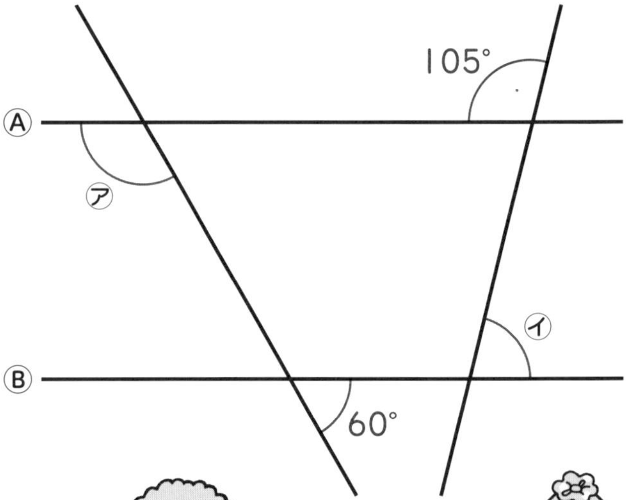

105°
Ⓐ
㋐
㋑
Ⓑ
60°

① ㋐の角度は何度ですか。

式

答え　　°

② ㋑の角度は何度ですか。

式

答え　　°

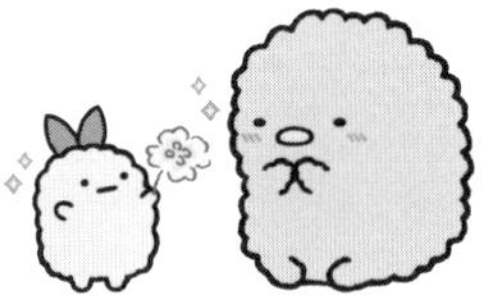

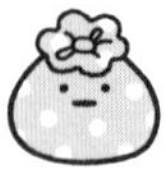

5 右の図のような台形をかきましょう。　25点

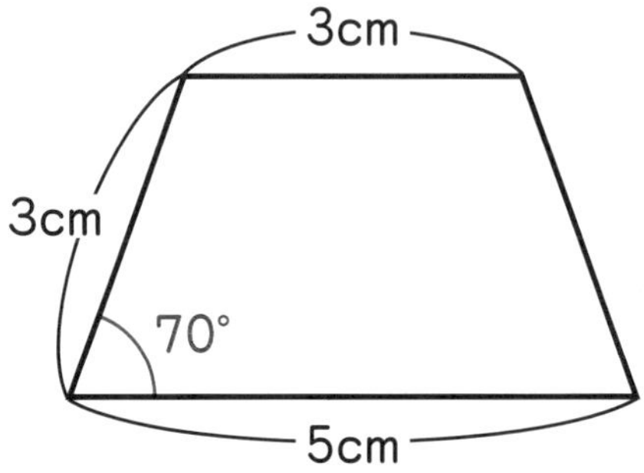

3cm
3cm
70°
5cm

1 右の図のような平行四辺形をかきましょう。 `10点`

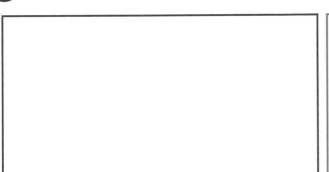

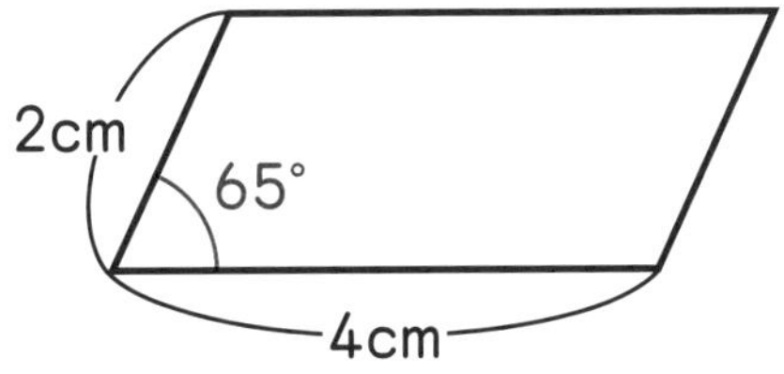

2 右の図のようなひし形をかきましょう。 `10点`

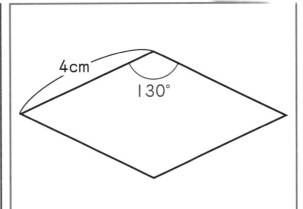

3 次の形の面積を求めましょう。 `1つ5点（20点）`

① たて9cm、横4cmの長方形。

式 ⬜　　　　　答え ⬜ cm²

② 1辺が17cmの正方形。

式 ⬜　　　　　答え ⬜ cm²

4 次の形の面積を求めましょう。

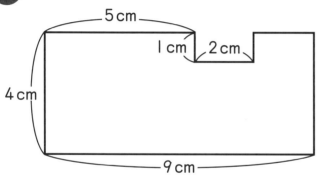

式

答え ___ cm²

5 次の形の面積を求めましょう。

①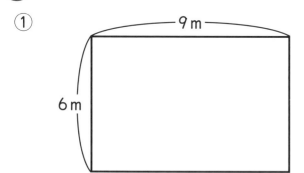

式

答え ___ m²

②

50 m

20 m

式

答え ___ a

6 ☐ に当てはまる数字を書きましょう。

① 4 ha = ___ a

② 600 a = ___ ha

③ 7000 a = ___ ha

④ 8 km² = ___ ha

⑤ 300 ha = ___ km²

⑥ 5100 ha = ___ km²

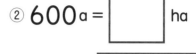

35 まとめのテスト③

月　日

点

できたね
シール

❶ 次の直方体の展開図をかきましょう。

10点

1 cm

1 cm

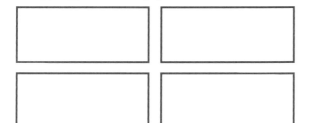

3 cm

1 cm

2 cm

❷ 右の直方体を見て答えましょう。

1つ3点（36点）

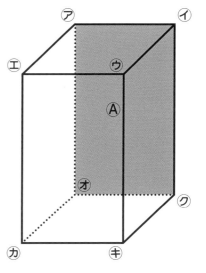

① 辺⑦④に垂直な辺はどれですか。4つ全て書きましょう。

② 辺⑦工に平行な辺は何本ありますか。

　　本

③ 面Ⓐに垂直の辺はどれですか。4つ全て書きましょう。

④ 辺⑰④に平行な辺はどれですか。3つ全て書きましょう。

❸ 次の形の見取図を完成させましょう。   12点

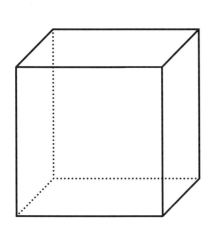

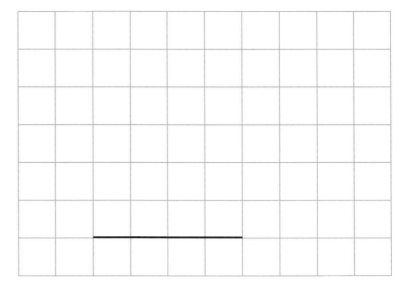

❹ 下の表を見て、折れ線グラフをかきましょう。　1つ2点（42点）

〈1年間の気温の変わり方（岡山県）〉

月	1	2	3	4	5	6	7	8	9	10	11	12
気温（度）	7	7	10	13	20	24	25	30	25	18	13	7

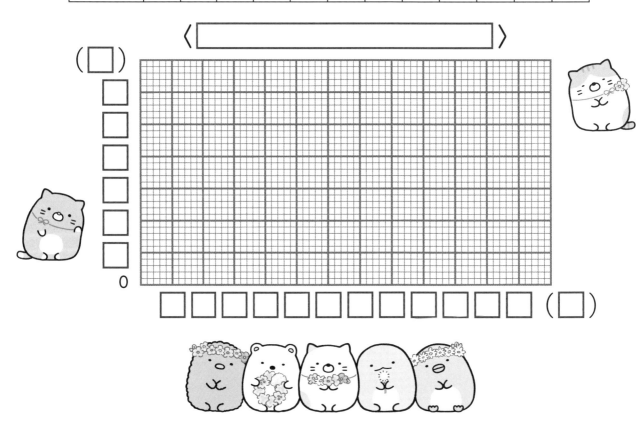

〈　　　　　　　　　　　　　　　　　　　〉

（□）

□
□
□
□
□
□
□

0

□ □ □ □ □ □ □ □ □ □ □ □ （□）

答え合わせ

① ①90 ②180 ③270 ④360
② ①90 ②180 ③270 ④360
③ ①2 ②3

① ①40 ②60
② ①150 ②140
③ ①⑦…30 ⓘ…60 ⓤ…90 ⓚ…45
　　ⓣ…15 ⓢ…90
　②90・45・135・135

① ①60・240・240 ②45・225・225
② ①20・340・340 ②55・305・305
③ ①(式) 180+40=220 (答え)220

※式のこの部分は省略してもかまいません。
学校で習った書き方に合わせてください。

　②(式) 360−75=285 (答え)285

① ①ⓘ ②⑦
② ①150 ②30
③ ①(式)180−45=135 (答え)135
　②(式)180−125=55 (答え)55
④ ①100
　②(式)180−25−100=55 (答え)55
　　　　※ひき算の順番は逆でもかまいません。

① ※角度をはかって答え合わせをしてください。

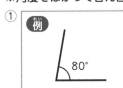 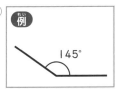

② ※角度をはかって答え合わせをしてください。

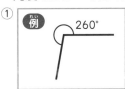 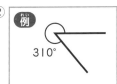

① ※長さと角度をはかって答え合わせをしてください。

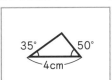

② ※長さと角度をはかって答え合わせをしてください。

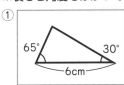 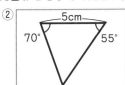

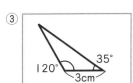

7　ふく習ドリル①

15・16 ページ

1 ①180　②270　③360

2 ①65　②155

3 （式）360−55=305　（答え）305

4 ①30

　②（式）180−105−30=45　（答え）45

　　　　※式のこの部分は省略してもかまいません。
　　　　　学校て習った書き方に合わせてください。
　　　　※ひき算の順番は逆てもかまいません。

5 ※長さと角度をはかって答え合わせをしてください。

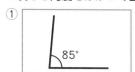
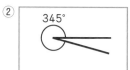

6 ※長さと角度をはかって答え合わせをしてください。

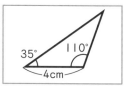

8　垂直

17・18 ページ

1 ㋑・㋓

2 ㋐・㋘、㋑・㋓

3 ① ② ③ ④

9　平行

19・20 ページ

1 ㋐・㋒、㋓・㋕

2 ① ② ③ ④

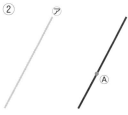

10　平行な直線と角度

21・22 ページ

1 ㋒・㋓、㋕・㋖

2 ①110　②50

3 ①（式）180−60=120　（答え）120

　②（式）180−135=45　（答え）45

　③（式）180−160=20　（答え）20

11　台形

23・24 ページ

1 ㋑・㋗・㋙

2 ※長さと角度をはかって答え合わせをしてください。

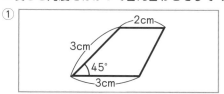
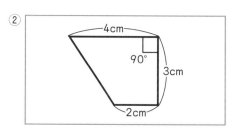

12 平行四辺形

25・26ページ

1 イ・エ

2 ①3 ②70

3 ※長さと角度をはかって答え合わせをしてください。

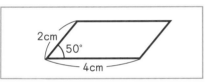

13 ひし形

27・28ページ

1 ウ・オ

2 ①4 ②50

3 ※長さと角度をはかって答え合わせをしてください。

①

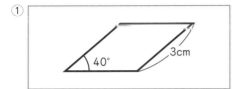

②

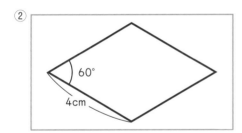

14 対角線

29・30ページ

1 ①  ②

③ 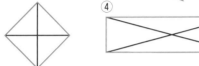 ④

⑤

2 ①4 ②3

3 ①正方形 ②ひし形 ③平行四辺形

※ふりがなは、なくてもかまいません。

15 ふく習ドリル②

31・32ページ

1 ① ②

2 ① ② ③

③

3 ①（式）180−80=100 （答え）100

※式のこの部分は省略してもかまいません。
学校で習った書き方に合わせてください。

②（式）180−135=45 （答え）45

4 ※長さと角度をはかって答え合わせをしてください。

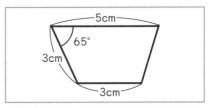

5 ※長さと角度をはかって答え合わせをしてください。

①

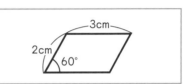

②

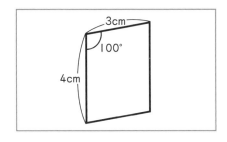

⑥ ※長さと角度をはかって答え合わせをしてください。

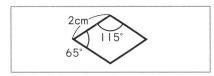

16 広さの単位　（33・34ページ）

❶ ①8　②2　③4
❷ ①2　②4　③4　④2　⑤1
❸ ①⑦・2　　②エ・1

17 面積の求め方①　（35・36ページ）

❶ （式）4×3=12　（答え）12

└※式のこの部分は省略してもかまいません。
　学校で習った書き方に合わせてください。

❷ （式）4×6=24　（答え）24
❸ ①（式）2×2=4　（答え）4
　②（式）9×9=81　（答え）81
❹ （式）4×4=16　（答え）16

18 辺の長さと面積　（37・38ページ）

❶ ①（式）□×6=24
　　　　□=24÷6
　　　　　=4
　　（答え）4

②（式）7×□=21
　　　　□=21÷7
　　　　　=3
　（答え）3
❷ ①（式）9×□=72
　　　　□=72÷9
　　　　　=8
　（答え）8

　②（式）□×8=56
　　　　□=56÷8
　　　　　=7
　（答え）7

❸

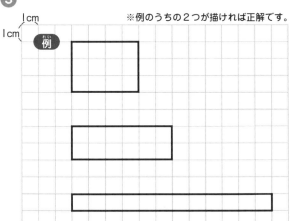

※例のうちの2つが描ければ正解です。

19 面積の求め方②　（39・40ページ）

❶ ①（式）8×5+4×4=56　（答え）56
　〈別の求め方〉
　（式）4×5+4×9=56　（答え）56
　②（式）3×9+4×3=39　（答え）39
　〈別の求め方〉
　（式）3×6+3×7=39　（答え）39
❷ ①（式）7×7-3×3=40　（答え）40
　②（式）5×9-2×2=41　（答え）41

20 大きな面積の単位①　（41・42ページ）

❶ ①（式）8×9=72　（答え）72
　②（式）12×25=300　（答え）300
❷ ①30000　②60000　③100000
　④150000　⑤2　　　⑥28

3 ①（式）6×4＝24　（答え）24
　　②（式）3×11＝33　（答え）33
　　③（式）3×8+3×4＝36　（答え）36
　　〈別の求め方〉
　　　（式）6×8−3×4＝36　（答え）36

21　大きな面積の単位②　43・44ページ

1 ①（式）30×50＝<u>1500</u>

　　　　　　　※式のこの部分は省略してもかまいません。
　　　　　　　　学校で習った書き方に合わせてください。

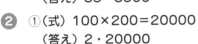

　　（答え）15・1500
　　②（式）70×50＝3500
　　（答え）35・3500

2 ①（式）100×200＝20000
　　（答え）2・20000
　　②（式）400×400＝160000
　　（答え）16・160000

22　大きな面積の単位③　45・46ページ

1 ①（式）4×50＝200
　　（答え）200・200000000
　　②（式）8×8＝64
　　（答え）64・64000000

2 ①ha　②km²　③a

3 ①200　②8　③20　④400　⑤7　⑥88

23　ふく習ドリル③　47・48ページ

1 ①（式）8×6＝48　（答え）48
　　②（式）12×12＝144　（答え）144

2 （式）□×5＝45
　　　　　□＝45÷5
　　　　　　＝9
　　（答え）9

3 ①（式）3×2+2×9＝24　（答え）24
　　〈別の求め方〉
　　　（式）5×2+2×7＝24　（答え）24
　　　（式）5×9−3×7＝24　（答え）24
　　②（式）5×5−1×4＝21　（答え）21

4 ①（式）3×4＝12　（答え）12

②（式）40×60＝2400　（答え）24
③（式）300×300＝90000　（答え）9
④（式）3×7＝21　（答え）21

5 ①300　②5　③700　④11

24　直方体と立方体　49・50ページ

1 ウ・オ

2 イ・エ

3 ア…立方体　イ…直方体

25　平面と面・辺・頂点の数　51・52ページ

1 イ・カ

2

	面の数	辺の数	頂点の数
立方体	6	12	8
直方体	6	12	8

3 ①3　②3

26　辺の長さと面の形　53・54ページ

1 ①8　②5　③2　④4

2 ①4　②12

3 ①2　②2　③3・6

4 ①6　②4・4

27　展開図①　55・56ページ

1 ①オ　②ウ

2 ①エ　②キ

28 展開図②　57・58ページ

❶　①10　②4　③8

❷　※例のほかにも展開図があります。

①

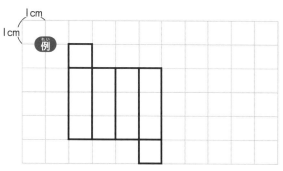

②

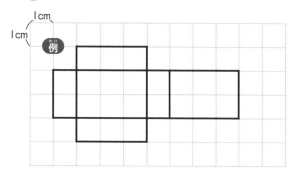

❸

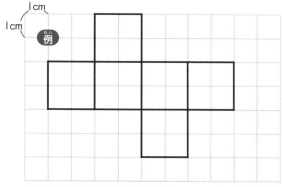

※立方体の展開図は11種類あります。
　どれか1つ描ければ正解です。

29 面や辺の垂直と平行　59・60ページ

❶　①イ・ウ・オ・カ
　　②4

❷　①カ　②3

❸　①アエ・イウ・アオ・イカ
　　②3
　　③アエ・イウ・オク・カキ

30 見取図　61・62ページ

❶

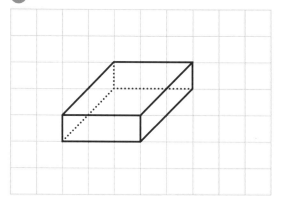

❷　①

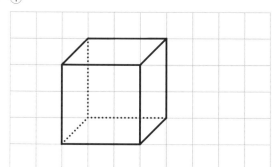

②

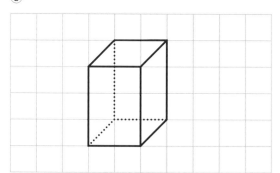

③

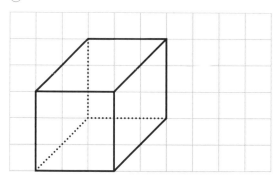

1 ①5 ②4

2

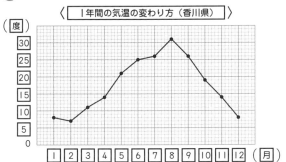

〈1年間の気温の変わり方（香川県）〉

1 ①6 ②4 ③2 ④4

2 ※例のほかにも展開図があります。

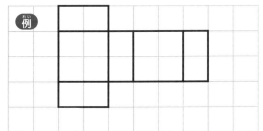

3 ⑦

4 ①⑦オ・⑦カ・⑦エ・①ウ
②3
③⑦イ・オカ・エウ・クキ
④⑦エ・①ウ・オク

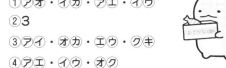

5

1 ①110
②（式）180－110－45＝25 （答え）25

※式のこの部分は省略してもかまいません。
学校で習った書き方に合わせてください。
※ひき算の順番は逆でもかまいません。

2 ※長さと角度をはかって答え合わせをしてください。

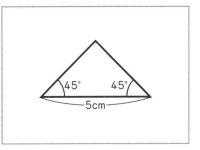

45°　45°
5cm

3 ①
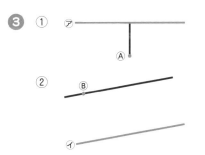
⑦
Ⓐ
②
Ⓑ
①

4 ①（式）180－60＝120 （答え）120
②（式）180－105＝75 （答え）75

5 ※長さと角度をはかって答え合わせをしてください。

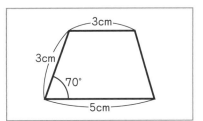

3cm
3cm
70°
5cm

❶ ※長さと角度をはかって答え合わせをしてください。

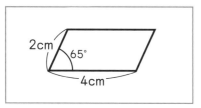

❷ ※長さと角度をはかって答え合わせをしてください。

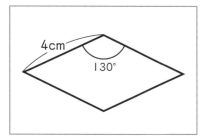

❸ ①（式）9×4＝36　（答え）36

※式のこの部分は省略してもかまいません。
学校で習った書き方に合わせてください。

　②（式）17×17＝289　（答え）289

❹ （式）4×9−1×2＝34　（答え）34

❺ ①（式）6×9＝54　（答え）54

　②（式）20×50＝1000　（答え）10

❻ ①400　②6　③70　④800　⑤3　⑥51

❶ ※例のほかにも展開図があります。

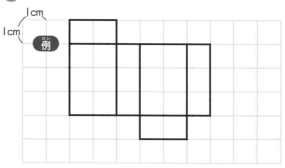

❷ ①アエ・アオ・イウ・イク

　②3

　③アエ・イウ・オカ・クキ

　④アイ・エウ・オク

❸

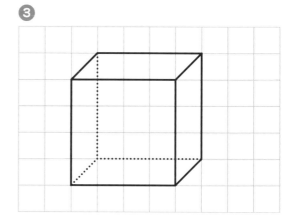

❹

〈　1年間の気温の変わり方（岡山県）　〉

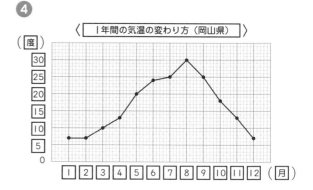